民居

国家出版基金项目
NATIONAL PUBLICATION FOUNDATION

中国传统
建筑营造技艺
丛书

黄续　黄斌　编著

婺州民居
传统营造技艺

WUZHOU

MINJU

CHUANTONG

YINGZAO JIYI

时代出版传媒股份有限公司
安徽科学技术出版社

图书在版编目(ＣＩＰ)数据

婺州民居传统营造技艺/黄续,黄斌编著. —合肥:安
徽科学技术出版社,2013.7
(中国传统建筑营造技艺丛书)
ISBN 978-7-5337-6049-6

Ⅰ.①婺… Ⅱ.①黄…②黄… Ⅲ.①民居-建筑艺
术-金华市 Ⅳ.①TU241.5

中国版本图书馆 CIP 数据核字(2013)第 118908 号

婺州民居传统营造技艺 黄 续 黄 斌 编著

出 版 人:黄和平　　策　划:黄和平　蒋贤骏　　责任编辑:倪颖生
责任校对:盛　东　　封面设计:王国亮　朱　婧　　责任印制:廖小青
出版发行:时代出版传媒股份有限公司　http://www.press-mart.com
　　　　　安徽科学技术出版社　　　　http://www.ahstp.net
　　　　(合肥市政务文化新区翡翠路 1118 号出版传媒广场,邮编:230071)
　　　　电话:(0551)63533330
印　　制:合肥华云印务有限责任公司　　电话:(0551)63418899
(如发现印装质量问题,影响阅读,请与印刷厂商联系调换)

开本:710×1010　1/16　　印张:12.75　　字数:149 千
版次:2013 年 7 月第 1 版　　2013 年 7 月第 1 次印刷

ISBN 978-7-5337-6049-6　　　　　　　　定价:50.00 元

丛书编撰委员会

顾　问　王文章(中国艺术研究院院长)

编委会主任　刘　托(中国艺术研究院建筑艺术研究所所长)

编委会副主任　张　欣(中国艺术研究院建筑艺术研究所助理研究员)

编委会委员

王能宪　中国艺术研究院副院长

马盛德　文化部非物质文化遗产司副司长

晋宏奎　故宫博物院原副院长

傅清远　中国文化遗产研究院原总工程师

杜启明　河南省博物院副院长

刘　托　中国艺术研究院建筑艺术研究所所长

王立平　中国文物信息咨询中心副总工程师

沈　阳　中国文化遗产研究院副总工程师

黄　滋　浙江省古建筑设计研究院院长

章望南　中国徽州文化博物馆副馆长

王时伟　故宫博物院古建部主任

付卫东　故宫博物院古建修缮中心副主任

李少兵　内蒙古文物保护研究信息中心主任

冯晓东　苏州香山工坊营造(集团)有限公司董事长

姚洪峰　福建泉州市文物保护研究中心副研究馆员

张　欣　中国艺术研究院建筑艺术研究所助理研究员

丛 书 序

在2009年联合国教科文组织保护非物质文化遗产政府间委员会第四次会议上，我国申报的"中国传统木结构建筑营造技艺"被列入"人类非物质文化遗产代表作名录"，这无疑将促进中国民众对营造技艺遗产及与之相关文化习俗的重新审视。

中国传统木结构建筑营造技艺是以木材为主要建筑材料，以榫卯为木构件的主要结合方法，以模数制为尺度设计的建筑营造技术体系。营造技艺以师徒之间言传身教的方式世代相传。由这种技艺所构建的建筑及空间体现了中国人对自然和宇宙的认识，反映了中国传统社会等级制度和人际关系，影响了中国人的行为准则和审美意象。中国传统木结构建筑营造技艺根植于中国特殊的人文与地理环境，是在特定自然环境、建筑材料、技术水平和社会观念等条件下的历史选择。这种技艺体系延续传承约7000年，遍及中国全境，形成多种流派，并传播到日本、韩国等东亚各国，是东方古代建筑技术的代表。2010年，韩国继中国之后也成功申报了"大木匠与建筑艺术"，显示了这项文化遗产的重要性和世界意义。

长期以来，我国对传统建筑的保护主要通过确定各级文物保护单位的形式，侧重古建筑的物质层面。随着非物质文化遗产概念的引入和非物质文化遗产保护工作的展开，传统建筑营造技艺和代表性传承人被列入保护范围，并得到政府和社会的日益关注。下面就非物质文化遗产和营造技艺保护谈几点体会和认识。

一、物质与非物质、有形与无形、静态与活态的关系

非物质文化遗产中的"非物质"容易让人理解为与物质无关或排斥物质。然而，非物质文化遗产并不是和物质完全没有关系，只是强调其非物质形态的特性。"非物质"与"物质"是文化遗产的两种形态，它们之间往往相互融合，互为表里。以营造为例，物质文化遗产视野中侧重建筑实体的形态、体量、材质，而非物质文化遗产视野中则侧重营造技艺和相关文化，它们相互联系、互为印证。通过建筑实体可以探究营造技艺，尤其对于只剩物质遗存而技艺消亡的对象；反之，也可通过技艺来研究建筑。物质文化遗产和非物质文化遗产之间也可相互转换，当侧重建筑的类型学和造型艺术时，即为传统文物意义上的物质遗产；而当考察其营造工艺、相关习俗和文化空间时，则为非物质文化遗产。

称非物质文化遗产为无形文化遗产也并非因其没有形式，只是强调其不具备实体形态。传统营造技艺本身虽然是无形的，但技艺所遵循的法式是可以记录和把握的，技艺所完成的成品是有形的，而且是有意味的形式，形式中隐含和积淀了丰富的文化内涵。

非物质文化遗产又称为"活态遗产"，这反映了非物质文化遗产的重要特质，即强调文化遗产在历史进程中一直延续，未曾间断，且现在仍处于传承之中。非物质文化遗产的载体是传承人，人在艺在，人亡艺绝，故而非物质文化遗产是鲜活的、动态的遗产；相对而言，物质文化遗产则是静止的、沉默的。然而二者之间仍然存在着非常密切的联系和转换，例如一件建筑作品不但是活的技艺的结晶，而且其存续过程中大多经历不断的维护修缮，注入了不同时期的技艺的烙印；它同时又是一件文化容器，与生活于斯

的人每时每刻相互作用,实现和完成其中的活态生活,是住居不可或缺的文化空间。

二、从营造技艺看非物质文化遗产集体性传承的特点

中国古代木构架建筑经过长期实践而锤炼成固定的程式,可以说世界上还没有任何一个建筑体系像中国古代木构架建筑体系这样具有高度成熟的标准化、程式化特征。建筑的布局、结构、技艺等都有内在的准则和规范。这套体系涉及院落组合方式、建筑之间的对应与呼应关系、建筑的体量与尺度、建筑的结构和构造方式、建筑装饰的施用及题材等。这些准则和规范,在官方控制的范围内成为工程监督和验收的标准,在地方成为民间共同信奉和遵守的习俗。

早在唐宋时期,营造技艺已经有细致的分工,如石、大木、小木、彩画、砖、瓦、窑、泥、雕、旋、锯、竹等作,至明清技艺更细分为大木作、装修作(门窗隔扇、小木作)、石作、瓦作、土作(土工)、搭材作(架子工、扎彩、棚匠)、铜铁作、油作(油漆)、画作(彩画)、裱糊作等。明清宫廷建筑设计、施工和预算已由专业化的"样房"和"算房"承担。传统营造业以木作和瓦作为主,集多工种于一体,具有典型的集体传承形式。在营造过程中,一般以木作作头为主、瓦作作头为辅,其作为整个施工的组织者和管理者,控制整个工程的进度和各工种间的配合。各工种的师傅和工匠各司其职、紧密配合,保证工程有条不紊进行,整个传统营造工艺已经发展为非常成熟的施工系统和比较科学的流程。

三、整体性、活态性与营造技艺的保护

营造技艺的保护应注重整体性原则。传统建筑文化中包含多方面的非物质文化遗产内容,不唯营造技艺一项,比如建筑的选址、构成、布局等均涉及联合国非物质文化遗产分类中关于宇宙、自然、社会诸方面的认知,城市广场、村寨水口、廊桥等空间场所

及各种民俗、祭祀、礼仪活动(包括庙会)构成了典型的文化空间，还有伴随营造过程的各种禁忌、祈福等信俗活动。这些内容实际上都依附于传统建筑空间及营造活动过程，相互关联，形成一个整体。

"营造"一词中的"营"，与今天所说的建筑设计相近。不同的是，它不是一种个体的自由创作，而是一种群体的制度性、规范性的安排，是一种集体意志的表达，同时也是技艺的一种表现形式。任何一种手工技艺都含有设计的成分，有的占据技艺构成的重要部分，体现了营与造的统一。

活态保护与整体相关，即整体保护中涉及活态保护与静态保护的有机统一，但这里的活态保护主要强调的是一种积极的介入性保护手段，即将保护对象还原到一个相对完整的生态环境中进行全面保护，或称之为"活化"。过去我们拆除一些建筑遗产，新建假古董，继而又孤立地保留一些有历史价值的建筑，割裂了其所依存的环境，并弱化了原有的功能和生活，使文化遗产蜕变为没有内容和活力的标本。现在已有一些地方进行了富有成果的尝试，即成区片地整体保护传统街区、民居、寺观，并将之辐射为街区的整体生态保护。一些深刻反映中国传统文化的信俗项目及其建筑空间可望加以恢复，其内容和功能将转化为城市历史记忆、社区文化认同与市民社会归属的文化空间，以及市民休闲交往的场所，这也将是多元社会价值取向的一种标志。

与一般性手工技艺的生产性保护相比，营造技艺有其特殊的内容和保护途径。有别于古代大量的营造技艺实践，当今传统营造技艺只局限在少量特殊项目。然而旧有传统建筑的修缮却是量大面广，并且具有持续性特点，如果我们把握住传统建筑修缮过程中营造技艺的保护，将使营造技艺得到有效的传承与保护。这其中有两方面的工作可以探讨和实践：一是在文物建筑保护单位中划定一定比例的营造技艺保护单位,要求保护单位行使物质文化遗产与非物质文化遗产保护的双重职责。无论复建抑或修缮,将完全采用传统材料、传统工序、传统技艺、传统工具,遵照传统习俗,使之同时成为非物质文化遗产保护的活化石。另一方面,复建和修缮本身是技艺的实现过程,也是技艺得以传承的条件。营造是一种兼具技术性、艺术性、组织性、宗教性、民俗性的活动,丰富且复杂,其本身就是一种可以观赏和体验的对象。可以探讨一种新的修缮与展示相结合的方式,类似考古发掘和书画修复的过程呈现,将列入非物质文化遗产项目的营建、修缮过程进行全程动态展示或重要节点展示,包括其中重要的习俗与禁忌活动。

《中国传统建筑营造技艺》丛书是在我国大力开展非物质文化遗产保护工作的背景下,结合中国传统建筑研究领域的实际情况提出的。保护传统建筑营造技艺是保护传统建筑的核心内容,虽然传统建筑的许多做法已经失传,但有很多传统建筑类型的营造技术和工艺仍在中国各地沿用,并通过师徒之间的言传身教传承下来,成为我们珍贵的非物质文化遗产。对这些营造技艺的系统整理和记录是研究中国传统建筑的一个重要方面。鉴于此,我们在中国艺术研究院建筑艺术研究所开展的"中国传统建筑营造技艺三维数据库"课题的基础上,组织编写了《中国传统建筑营造技艺》丛书,旨在加强对传统建筑营造技艺的研究,促进传统建筑营造技艺的传承。

刘 托

中国艺术研究院建筑艺术研究所所长、研究员

前　言
婺州传统民居与
"东阳帮"的形成

　　婺州传统民居是中国民居建筑的重要类型,婺州建筑传统技艺是一种具有鲜明地域特色的传统民间技艺,浸润着地方传统文化与艺术成分,具有极高的实用价值和审美价值。

　　婺州为古地名,地处浙江中西部(图0-1)。原由三国时期分会稽西境先后置东阳郡、金华郡等演变而来。隋开皇十三年(公元593年)"以其地于天文为婺女分野",更名婺州。明代,改婺州(路)为金华府,领金华、兰溪、东

图0-1　婺州民居分布区域

阳、义乌、永康、武义、浦江、汤溪8个县,称"八婺"。中华民国以来,区划多变。目前作为古代婺州主体的金华市辖有9个县(市、区),地域涉及原婺州(今金华)、衢州、处州(今丽水)及台州等地。考虑到民居共有的建筑形式与技艺特点,本书所指婺州,限定为今金华市所辖的金东、婺城、兰溪、浦江、义乌、东阳、永康、武义8个县(市、区)。

婺州传统民居是由东阳工匠和当地工匠共同完成的,以东阳为首的婺州古代工匠在长期营造过程中积累了丰富的技术与工艺经验,根据当地实际情况,在材料的合理选用、结构方式的确定、构件的加工与制作、节点及细部处理和施工安装等方面都有独特与系统的方法和技艺,并有相关的禁忌和操作仪式。由于师承制,工匠们具有技术上的共同特点,加上一些亲缘或宗族关系,在营造界形成了"东阳帮",从而为婺州古代建筑的发展提供了必要的组织形式和技术手段。

柳宗悦先生曾分析工艺之成立,"取决于制作、作者和作品。在这里,器物必须是人与物相结合的产物。一旦如此,工艺就能成立。产生工艺的先决条件是用途,怎样使用是目的;其次,是用什么来制作,即应该采用什么材料;第三,从材料到制作器物,是用工具来完成的,精巧的工具再发展一步就是机械;第四,需要技法与功能,由此可以产生出巧拙之差别;第五,是劳动,特别是劳动的形态,即需要组织;第六,是传统,民族的睿智均藏匿于此。"①他总结了工艺的六点,即用途、材料、工具、技法、劳动与组织、传统。在建筑营造的过程中,传承人(工匠)、技艺(材料工具、做法工艺等)、建筑物三者密不可分,工匠掌握和操作技艺是关键,建筑物则是工匠和技艺的最终体现形式。因此我们对婺州传统民居营造

---

① (日)柳宗悦.工艺文化.徐艺乙,译.桂林:广西师范大学出版社,2006:89.

技艺的研究,应该从工匠和民居入手,研究婺州传统民居营造技艺的材料工具、口诀技法、施工工艺、民俗传统等内容。本书即在此思路下展开,从婺州传统民居营造技艺的源流成因、设计思想、工具材料、构造做法、技艺流程、仪式民俗、传承人与传承方式7个方面来研究婺州传统民居营造技艺,以求能够完整真实地记录婺州传统民居营造技艺的全貌。

作　者

目　　录

第一章

婺州传统营造技艺的源流

婺州民居营造技艺最早源于秦汉时期广泛流行的"穿斗式"建筑，到宋朝时形成了"穿斗式"与"抬梁式"相结合的建筑结构方式，建筑技艺也有了较大的提高。与此同时，"东阳帮"开始形成，与苏南的"香山帮"、浙东的"宁波帮"三足鼎立。到了明代形成了三间五架、内设"天井"的建筑格局，并基本形成固定模式，建筑技艺也基本趋于稳定，并按照以师带徒、口传手授的方式传承，世代相传。

第一节
婺州营造技艺的缘起

　　婺州建筑历史源远流长。早在新石器时代，婺州地区就有了木建筑房舍。六七千年以前，长江流域多水地区已营建干栏式建筑，即建筑下层用木柱架空，上层供人们居住。其实例见浙江余姚河姆渡遗址，该遗址出土了大量的建筑木构件，上面有各种类型的榫卯，说明当时木构房屋已经采用榫卯技术（见图1-1）。有关专家推测当时"是以桩木为基础，其上架大小梁（龙骨）承托地板，构成架空的建筑基座，再于其上立柱加梁，构成高于地面的干栏式房屋。"[1] 殷商时期，人们已熟练掌握了夯土技术，并运用于台基、墙壁、城墙等的建造，这里形成了初具规模的民居部落。

---

[1]河姆渡遗址考古队.浙江河姆渡遗址第二期发掘的主要收获.文物.1980,5.

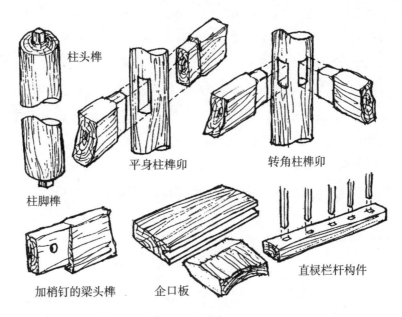

柱头榫

平身柱榫卯

转角柱榫卯

柱脚榫

加梢钉的梁头榫

企口板

直棍栏杆构件

图1-1　河姆渡遗址第四文化层所见木结构榫卯类型

（引自陆元鼎《中国民居建筑》，华南理工大学出版社，18页）

秦汉时期大一统局面形成，南北文化交流加强，而越地距离中原政治中心较远，属于边缘化的地区，思想比较自由，原始宗教信仰保留较多，有明显的区域文化特色。两汉时期是木构建筑产生质的飞跃的一个时期，但是，现在婺州地区汉代地面木构建筑无存，有关汉代建筑形象、大木构架方式及做法、外部构件形象、内部装饰手法等，较难得到实际的认识。在义乌、武义等地仅有少量汉墓发现，多以砖室墓为主。

魏晋南北朝时期，北方望族因避战乱纷纷迁徙江南地区，北方人南迁，将"故家遗俗"，包括官式建筑技艺带到婺州，对古婺州传统建筑产生了较大影响，出现"抬梁式"和"干栏式"结合的混合结构形式。

隋唐统一中国后，江浙等地相对安定，经济文化的繁荣促进了建筑的发展,形成了地方传统。虽然江南地区无唐代建筑遗物,但从这一时期大量以建筑和建筑环境为背景、为题材、为比兴的诗歌中,可想见当时建筑发展情况。如唐代诗人赵嘏就有"满水楼台满寺山""花飘舞袖楼相倚"等诗句。"高楼画槛照耀入目,其下步廊几半里",这是《东阳县志》中对大唐乾符年间所建冯家楼的记载。这说明婺州建筑在唐代已趋成熟,并具有一定规模和风格,东阳木雕装饰已经非常精美。

两宋辽金时代,中国又处于南北分裂状态。五代后期,南唐、吴越辖区相对安定,唐以来的建筑传统未受到重大破坏,而且仍在发展。北宋立国后,吴越等南方建筑技术向北边传播,与北方传统建筑技术融合,形成北宋官式,又影响了婺州地区建筑技艺的发展。东阳北宋建隆二年(公元961年)建造的南寺塔内的佛像,长18.7厘米、宽4.2厘米,用枫木镂空雕成,是现存的早期东阳木雕代表作。

南宋南迁至临安后,促使江浙地区获得发展,进一步促进了婺州当地的建筑营造技艺的进步。江浙地区一方面继承北宋以来官式建筑传统,另一方面也受到原有的建筑传统的影响,形成了南宋官式建筑传统。因此婺州民居营造技艺有了很大的改进,并成为以后影响明清建筑发展的重要因素。大量"东阳帮"工匠参与了南宋皇宫和都城的建设,使"东阳帮"工匠声名鹊起,名声大振,也使以"东阳帮"为主体创造的婺州民居成为一种独特的民居形式,婺州民居建筑营造技艺基本形成。

第二节
明清婺州传统营造技艺的发展

　　明初,江浙地区自南宋以来在地方传统建筑做法上形成了南京官式,进而影响全国,这也是南方建筑文化第三次向北方传播。明代婺州地区经济繁荣, 许多北方的士族大姓南迁到婺州地区,婺州建筑风格已经逐渐发展成熟(图1-2),出现了大量的村落和建筑, 如武义俞源八卦村和郭洞村等一批古建筑村落的兴建,东

图1-2　义乌协和堂梁架

阳"卢宅肃雍堂"的创建。从婺州现存的明代住宅、祠堂来看,其与
北方建筑体系有着明显差异,如造型结构简洁,普遍流行穿斗架,
同时具有"肥梁胖柱"的特点,椽条粗壮,用荷包椽。大梁有平直圆
梁、冬瓜月梁两种形制,斗栱用材减少。雕饰以花草鸟兽纹为主,
线条圆润,比例粗胖,人物图案较少。建筑开间、斗栱、油饰、彩绘
等多遵祖制,少有僭越(图1-3,图1-4)。

图1-3 诸葛村民居私家园林

图1-4　永康厚吴司马第雕饰

清代是婺州建筑发展的鼎盛时期。乾隆以后,婺州传统建筑又有新的发展,明显表现出一种世俗化的趋向与格调。清初私家园林非常兴盛,宅邸普遍园林化,戏台数量增多;在建筑装饰上,精巧繁复的风格受到推崇,装饰形式更加丰富,手法变化多样,技术更加成熟,达到了炉火纯青的地步。

　　以东阳为首的婺州古代工匠凭借锯、凿、尺、刀、板、锤、铲等传统工具进行构件加工和建筑营造,在使用工具的过程中,婺州建筑传统技艺同时得以展示和传承。各匠种均有明确的分工,铁、窑两种工匠为建造房屋提供建筑材料,砖、木、石三种工匠相互配合,具体负责施工建造。"东阳帮"师傅遍布周边各县,整个浙西及近邻婺州的安徽屯溪、江西婺源和杭州、上海等地。特别是清代中叶东阳木雕得以全面发展与提高,木雕艺人达数千人。清嘉庆、道光年间 400 多名东阳木匠、雕花匠应召参加北京故宫的修缮。

第三节
婺州建筑营造技艺的传播

　　民国以后,随着中西文化的交流渗透,婺州建筑开始吸收若干新建筑的因素,如由一系列拱形窗和窗楣山花构成的立面形式等,产生一批"小洋楼"。但是一般宅第建筑仍沿袭了婺州传统的砖木结构,粉墙黛瓦。同时受西方自由民主思想的影响,封建伦理、道德秩序有所弱化,民居布局逐渐趋于自由;建筑外观趋于开敞;建筑装饰中三雕题材和内容减少,砖雕、石雕雕饰图案化、几何化;构件类型及其装饰标准化、精确化,如马头墙的边缘做得精致细腻,屋檐有时吸收了西方建筑的线脚,门楼的雕饰也大幅度简化、几何化。

　　民国初期,东阳帮形成"老师班",由工头、师傅、普工组成,有的承揽工程,有的开设作坊。1928年,东阳外出谋生的各类工匠有82 473人,其中尤以泥木工匠居多,东阳的"泥木工仓库"之称初成雏形。但是,随着现代建筑取代传统建筑,传统营造技艺渐趋衰落,而木雕则受到国内外市场的欢迎,因此木雕制品、陈设家具则逐渐商业化,许多从事建筑营造的木作匠、雕花匠、油漆匠转而从事家具行业,促使东阳木雕获得进一步的发展。民国3年(公元1914年),东阳木雕艺人200余人受聘于杭州仁艺厂。1915年,在巴拿马万国博览会上,仁艺厂的东阳木雕箱架、书箱获大奖章,室内陈设木雕工艺品获金牌奖。其他工厂还有上海王盛记雕刻木器店、上海原利木器厂等。随后,东阳木雕工厂设于中国香港、中国台湾、新加坡等地,产品通过杭州、上海、香港等三个重要基地,逐步走向世界。

第二章
婺州建筑的地域分布与环境影响

第一节
婺州建筑的地域分布

　　婺州,古代属于姑蔑国(以今邻近金华城区的衢州市龙游县为中心),春秋时期属于越国。秦始皇帝二十五年（公元前222年),婺州属于会稽郡管辖。东吴宝鼎元年(公元266年),在会稽的西部设置东阳郡,"东阳"的名字是因为其位置在瀫水(即衢江)的东边、长山(即金华山)的阳面。从此东阳郡开始统辖九个县,郡治在长山县,这是婺州地区独立建郡的开始。南朝梁绍泰二年(公元556年)置婺州,陈天嘉三年(公元562年)撤州,东阳郡改名金华郡。隋开皇十三年(公元593年)废郡改置婺州。唐朝又曾改成东阳郡。唐武德四年(公元621年)改东阳郡置婺州,并于信安(新安)县分置衢州。唐天宝元年(公元742年)改婺州为东阳郡,乾元元年(公元758年)复为婺州,共管辖金华、义乌、永康、东阳、兰溪、武成、浦阳七县以及衢州一州。宋代,婺州曾被改称为保宁军。元至元十三年(公元1276年)改婺州为婺州路,主要管辖浙东海右道肃政廉访司、兰溪州和金华、东阳、义乌、永康、武义、浦江六县。明代又改名为金华府,到明成化七年(公元1471年)金华府管辖金华、兰溪、东阳、义乌、永康、武义、浦江、汤溪八县,因此有"八婺"的称呼(图2-1)。清代基本延续明制。1958年汤溪撤县并入金华县。1985年,国务院批准撤销金华地区(今金华、衢州两市地域),金华市辖9个县(市、区)。

图2-1　清代画家吕焕章《金华府城图》

　　明清时期婺州地区社会经济繁荣,文风鼎盛。清人吴伟业曾
称赞:"浙水东文献,婺称极盛矣。"胡凤丹编纂《金华丛书》时,也感
慨地说:"吾郡以金华山得名,山周数百里,前劣蟠郁,雄秀之气上
与婺女争辉。其最胜处,道书称'第三十六洞天'者是也。夫地灵所
炳,人杰斯兴,吾郡人文荟萃,曩有小邹鲁之目。历考自来著作,其
目录载在郡邑志者不下千余种,而书缺有间。"所以婺州又素有
"小邹鲁"之美称。

　　明清是婺州建筑发展的鼎盛时期,现在遗存的大量传统村落
和建筑多营建于这一时期。本书中所谈到的婺州源自明清"古婺
八县",现在包括金东、婺城、兰溪、浦江、义乌、东阳、永康、武义8
个县(市、区)。下文中所涉及的婺州建筑也分别来自于婺州的这
8个县(市、区)。这些浙江中、西部金、衢地区的民居具有共同的建
筑形式和技艺特点,因此我们称之为婺州民居,它们主要是由"东
阳帮"和本地工匠共同创造的。

第二节
自然环境及对技艺影响

　　古婺州地域主要为现在的金华地区,处金衢盆地东段,为浙中丘陵盆地地区,地势南北高、中部低。"三面环山夹一川,盆地错落涵三江"是金华地貌的基本特征。境内东部为大盘山,东北为天台山支脉会稽山,南部为仙霞岭,北、西北接龙门山及千里岗山脉。山地内多为起伏和缓的丘陵,中部以金衢盆地东段为主体,四周有武义盆地、永康盆地等山间小盆地,盆地底部是宽阔不一的冲积平原,地势低平。

　　金华江是钱塘江中游最大支流,其上游为东阳江,自东而西流经东阳、义乌、金东区,在婺城汇合武义江而成金华江,其北流在兰溪城区汇入兰江,然后顺流成为富春江,最后汇入钱塘江。

　　婺州气候属于中亚热带季风气候区,四季分明,雨量充沛,日照多,空气湿润,干湿两季明显,春雨多、梅雨量大,夏秋冬雨量少。气候温和,全年平均气温在17℃以上。风向以偏北风居多,7月多西南风,8月多偏东风。

　　婺州民居在长期的发展过程中,形成了与婺州当地的气候条件相适应的建筑特色。首先婺州民居的选址布局充分考虑当地气候地理因素的影响,比如喜欢选择通风受阳、背山面水的位置营造民居,建筑朝向主座朝南,以偏东5°~12°最为适宜,可尽量延长光照时间。建筑平面空间布局为面向天井的合院式,既与当地人们喜爱在天井中生活和劳作的习惯相适应，又是与当地气候、人文因素相适应的明智选择，方正的前庭和狭长的后院与前厅后堂、内外有别的生活空间紧密相关。

其次，前廊式的设计、外挑廊处理、屋顶挠水坡度和出檐较深远等做法，都是受了江南雨水较多，气候湿润而闷热等气候因素的影响，充分考虑了屋面排水和通风采光等居住使用的需要。狭长而通透的弄堂设计，有利于居住空间通风采光，形成穿堂风的效果。同时也给大家族内部成员的通行带来方便，形成一个闭合有致的生活居住空间。婺州各地普遍使用镂空隔扇作为外檐装修，里面布上窗纱或窗纸，既考虑了冬季防寒，又便于春夏季通风防潮，而且也给喜欢在院落中生活的人们带来美的享受（见图2-2~图2-5）。

图2-2 永康厚吴吴仪庭公祠

图 2-3　义乌叶大宗祠正厅

图 2-4　永康绍裔堂正屋前廊

图 2-5　永康厚吴桂花居花窗

第三节
社会、人文环境及影响

特定的思想观念决定了相应的伦理制度、生活习俗,这些制度、习俗又反映在生活行为、居住行为及审美趋向上,继而使得婺州民居在营建活动中,创造出了与之相应的空间形态、建筑样式和艺术风格。因此,婺州民居营造技艺受到社会文化影响力的制约。拉普卜特认为社会文化影响力是宅形的首要因素,"在既定的气候条件、建筑材料和技术水平的约束下,居所最终的形式和空间,以及两者间的相互关系,取决于特定群落的人对于理想生活的定义。这一追求理想环境的过程受到诸多社会文化影响力的作用,包括宗教信仰、家庭与宗族结构、社会组织、谋生手段以及人与人之间的社会关系。"①

一、宗族与伦理

婺州人宗族观念很强,自古聚族而居,往往全村同姓。宗族观念是维系我国传统礼制的一大核心,也是我国传统礼制的一大基

---

① (美)阿摩斯·拉普卜特.宅形与文化.常青,徐菁,李颖春,张昕,译.北京:中国建筑工业出版社,2007:46.

石，在我国传统文化中有着不可低估的作用。明洪武三十一年(公元 1398 年)翰林院侍讲、值文渊阁大学士方孝孺在《吴氏宗谱序》中撰曰："宋之迁于江南，婺去国都为甚迩。其地宽衍饶沃，有中州之风，故土之自北至者，多于婺家焉。于时婺之俗比他郡为最美，为学者先道德而笃行谊，尚廉洁而崇气节，修谱牒而谨名分。"由此可见，许多村落从起源到布局均表现出较强的宗族性，大到婺州民居村落的布局，小到建筑的尺寸样式上都能看到宗族观念的影响。

婺州建筑还反映了传统的伦理秩序，即"尊卑有序、长幼分明"，这种秩序是传统礼制的直观反映，也是维护封建礼法的工具。传统礼教社会认为"道德仁义，非礼不成。教训正俗，非礼不备。纷争辨讼，非礼不决。君臣、上下、父子、兄弟，非礼不定。[①]"婺州民居的空间观就是在这种以礼为代表的人文思想和传统儒家设定的道德伦理秩序共同规范下而形成的。婺州民居强调均衡、对称，建筑空间配置井然有序。比如正房为中心，左右两边为厢房，对称布置，形成三合或者四合院。正房为长辈居住，一般较两边的厢房高大。两侧厢房又称护龙、跨院，一般分给晚辈居住。再如厅堂中的家具布置同样受到了这种文化的影响，厅堂正中奉祖宗牌位，其下置一桌两椅，为家庭中最尊者位置，其他成员亦按主次分座两侧。

同时因为家国同构的观念，中国传统社会对民居的建筑形制等都有严格的规定。唐代规定："庶人所造堂舍，不得过三间四架，门屋不得过一间两厦，不得辄施装修。"宋代规定："凡民庶家，不得施重栱、藻井及五色交彩为饰。不得四铺飞檐。庶人舍屋许五架门一间两厦。"明洪武二十六年规制："庶民庐舍不过三间五架。"明正统十二年令稍变通之，房屋架多而间少者，不在此限。但仍规

---

①引自《礼记·曲礼上》。

定,(庶民庐舍)不得超过三间,不许用斗栱,饰彩色。清代则沿用明代旧规。

二、宗教与信仰

　　婺州人宗教信仰是广泛而不纯粹的,往往把儒家的伦理、佛教的隐忍和道家的无为等思想观念融为一体,佛、道、儒兼修。婺州民间多信佛,一些大的传统村落中建有寺庙。婺州传统建筑的合院式布局深受这种思想的影响,一方面,天井院式的严谨对称的布局,建筑从外观形式到内在构架,处处体现中国传统儒家思想的封建伦理和等级,无论是厅堂还是祠庙,均体现出屋主人的身份和地位,不得僭越;另一方面天井明堂的设置,园林景观的布置,大都受到道教顺应自然的美学追求,讲求自然随意、返璞归真,表现中国文人的隐逸和洒脱。

　　婺州人相信神灵无处不在,灶膛、五谷、六畜、土地、山川、东南西北、天地交合以至文运武举、福禄寿喜、生老病死等均有不同的神灵分司掌管,这种泛宗教信仰也影响了古代村落的布局和村落的习俗,比如水口布局,以及小年请灶君、除夕谢年等习俗。

　　婺州民间还把普遍受人尊敬的人尊为神,如讲义气的关公被尊为财神、兴修蜀墅塘的王槐被尊为塘神、引种糖蔗制糖的贾惟忠被尊为糖神、治理黄河有功的朱之锡被尊为河神,等等。特别需要提到的是婺州民间广泛信仰的胡则神,即胡公大帝。根据20世纪20年代的一项调查,仅以金华县境为主的地域内,以胡则为主神的祠庙竟然有55座,占该区受到调查的429座祠庙的13%。[1]

---

[1]曹松叶.金华部分神庙一个简单的统计.民俗,86、87、88、89期合刊,1929:78.

胡则（963—1039）是一位真实的历史人物，传说其生前曾奏免过衢、婺二州身丁钱，婺州在他去世之后逐渐奉其为神灵。迄今为止所能发现的胡则成神的最早记录（撰于公元1163年），自称为胡则四世从孙胡廷直所撰的《赫灵祠记》记载道："衢婺之人凡厥祀事，板祝旗帜，皆写公为佑顺侯，从旧也。继而合邑之士状于有司，廷直于公为子孙也，讵宜缄嘿，是详述始末，力请正名。自天发号，系公之神，载祈栽享。顾廷直才不邵，不敢自任谕撰，亦庶几由此以见拳拳，明其善之万一也。"现在婺州胡则神影响广泛，农历八月十三被认为是胡则的诞辰日，前后数天金、衢各地都要举办盛大的祭祀及庙会活动，并有朝拜永康县方岩山胡则祖庙的风俗，这一习俗已经成为该区域的重要岁时习俗。另外，旧时金华府籍人在外地建立会馆，往往都塑有胡则神像，以之作为联络乡亲的重要纽带。

三、风水与禁忌

　　婺州大到设州立县，小至营宅造园，风水活动的痕迹处处可见。婺州传统村落在规划选址、建筑设计和营造过程等方面，都受到风水理论的影响，婺州大多数方志和族谱对此均有记载。风水中对于村落选址讲究形胜，其主要针对的是自然地理条件，比如村落选址大多数要依山傍水、背山面水、负阴抱阳，随坡就势，因地制宜等，是基于对自然环境形态的认识。风水思想对婺州民居建筑形态的影响广泛而深远，如风水理论中"凡阳宅须地基方正，间架整齐，入眼好看为吉。如太高、太阔、太卑小，或东扯西拽、东盈西缩，定损人财"，婺州民居建筑平面的方正整齐就与此说有一定的对应关系。民居空间布局上，讲究"厢房不高过正堂，又不太

图 2-6　义乌培德堂砖雕

长,相称则吉。厅堂两厢排列整齐,无高低缺陷之处,自然而发富贵",这既满足了厅堂的采光需要,又体现了建筑内部不同区域高低、尊卑、内外等细微的等级差别。除此之外,婺州民居中的砖雕、木雕和石雕的一些图案(图 2-6),也都被寓以象征意义。

　　天井作为婺州民居建筑的构成要素与重要特点,具有明显的风水寓意。天井将屋面的雨水汇聚一处,顺势而下,流入石砌水池。在婺州人的观念中,"天井,乃一宅之要,财禄攸关",这正好满足了"四水归堂,财源滚滚而来"的聚财心理。由于"凡宅天井不可积屋水,不患疫疾",并且"水为气之母,逆则聚而不散水又属财,曲则留而不去也",故而婺州人对于排水路径亦很讲究,宜暗藏,不宜显露;宜屈曲而出,不宜直泄而出(图 2-7)。

　　婺州民居室内陈设也依据风水中的理气之说进行安排。比如对床的安放,按照"凡安床,当在生方,即生气方,不可稍偏。如巽门坎宅",以及"安床之法以房门为主,坐煞向生",对于坐北朝南的坎宅,东南方是生气方,卧室宜设在东南方位的房间,床应摆放在坐煞的方位。对于灶与厕的位置,应按"灶座宜坐煞方",其门宜开向"坐山及宅主本命之生、天、延三吉方",以及"厕宜压本命之

图 2-7　义乌市雅端叙伦堂穿堂及后天井

凶方,镇住凶神反生福"。婺州民居在设置厨与厕的位置时,一般既注重方位,又同时考虑其卫生和防火要求。其中"大门者,合宅之外大门也。宜开本宅之上吉方"。对于坐北朝南的民宅,开门一般朝东南向;当开门方位不吉时,就设置影壁或"泰山石敢当"等一类作为挡煞,或稍微避开不吉方位。

四、文学与艺术

婺州地区学风鼎盛,南宋以吕祖谦为代表的"婺学"名噪全国,与朱熹的"理学"、陆九渊的"心学"鼎足齐名。吕祖谦一生长期从事教育活动,创建了与岳麓书院齐名的丽泽书院,培养了大批学者,影响了婺州当地的文风。以陈亮为代表的"永康学派"在哲学上承认客观规律之存在,强调道存在于实事实物之中,对后世中国学术影响较大。它在经济上提倡"实事实功",有益于国计民生,为民居的建筑奠定了基础。明代文学家宋濂以继承儒家封建道统为己任,为文主张"宗经""师古",取法唐宋,文风质朴,他促使婺州形成了更为浓厚的文化氛围,即敬贤尊礼、重文尚古的文化精神。这些思想和观念都在婺州传统民居上打下了深深的烙印。

另外,婺州民间艺术、民间手工技艺也十分发达,对婺州民居营造技艺产生了深远的影响。婺州地区婺剧盛行,另外还有小锣书、道琴、画祖宗像、楹联、彩绘、壁画等民间艺术。木雕、砖雕、石雕、竹编、制瓷等民间手工艺也很繁盛。

婺州是婺剧的发祥地之一,婺州民间有许多婺剧、越剧剧团,受到人们的普遍喜爱,在民间尤其盛行婺剧。在一些大型的民居建筑中往往能发现预留的戏台位置(图2-8,图2-9),许多宗祠建

图 2-8　义乌上溪吴氏宗祠戏台

图 2-9　义乌上溪吴氏宗祠戏台檐口

筑都会在照厅后附建戏台,用以娱乐族人。每当过年过节或是宗(家)族内举行盛大庆典活动,如寿诞、添厅、发谱或是族中有中榜等喜事临门,宗祠等公共场所就会成为宗族聚会的热闹场所。这时,族中长辈就会提议请戏班子来唱大戏,经费公出。开戏时,族中男女老幼会聚在飨堂,边拉家常边看戏。按婺州风俗,往往还要邀请一些重要的亲眷也来赏戏。同时婺剧的兴盛,使戏剧场景也成为建筑装饰的题材,如义乌黄山八面厅中就有数十部戏曲、多达上百幅戏曲场景雕刻。

绘画艺术对婺州民居建筑的影响是多层面的,它对婺州民居的庭院空间布置、装饰雕刻都起到了启发与参考的作用,提升了婺州民居的整体审美格调。值得一提的是婺州地区的民间绘画,譬如祖宗画。祖宗画明清时期就已经十分兴盛,逢年过节几乎家家户户都贴春联,在客厅中堂挂上祖宗画像,供子孙后代参拜。新中国成立后,参拜祖宗画像的习俗渐渐淡漠,到"文化大革命"破"四旧"时,祖宗画几乎全被销毁。近些年随着续修宗谱之风开禁,祖宗画又逐渐恢复。婺州西乡缸窑村的陈有范便是擅长祖宗画的民间艺人。每逢修宗谱时,各家都会请民间画师画几轴本姓祖宗画像,年节或颁谱牒时挂在祠堂飨堂,不用的时候收于寝堂。也有的直接印行于谱牒卷首。

婺州地区的工艺美术手工业非常繁荣,民间手工艺有木雕、砖雕、石雕、竹编、草编、纺纱、织带、刺绣、发绣、串棕、弹棉、捏面人、泥塑、打铁、打金、打银、錾刻、铸铁、纸鹞、制陶(瓷)、扎灯笼、走马灯等。如婺州窑器型较大,纹饰繁复而古朴,一些图案和技艺对婺州民居建筑装饰产生影响。婺州曾是全国四大雕版印书中心之一,雕刻技艺在全国领先。随着经济的发展和各种工艺的相互融合,清代乾隆年间婺州民间手工技艺的全面成熟,使建筑装修发展到极盛,形成了乾隆工匠独具的风格特征。一方面建筑选材精良,装修趋向绮丽繁复;另一方面是雕刻匠师的技艺有诸多创新,建筑装饰中出现了大量的戏曲、神话人物、生活场景题材,使婺州民间建筑更富于民俗情趣(图 2-10)。

图 2-10　永康厚吴吴氏宗祠牛腿构件

第三章

婺州传统民居的选址布局及建筑设计构思

婺州现存的古建筑类型多、数量大,是浙江省古民居、古村落集中的区域之一,在中国建筑史上也占有重要的地位。从现存的古建筑来看,主要为明清时期的民居建筑,比较典型的有东阳卢宅古建筑群,浦江郑宅古建筑群,还有兰溪诸葛、长乐,武义郭洞、俞源,永康厚吴等传统村落。

婺州古建筑继承了中国古建筑的营造特点,它不仅具有"大木结构""轴线对称""注重风水"等共性,而且由于地理环境、行政区划、文化传统等方面的因素,又逐步形成了自己独特的区域特性。本章主要以婺州典型的村落、民居实例,对婺州传统民居的特性和设计思想作初步探讨。

第一节
婺州传统村落选址布局

一、婺州传统村落选址布局的总体特征

村镇空间格局,主要由巷道、中心场所及村镇地标所控制,以此决定村镇的空间形态。尽管农业社会中的村镇发展往往是一个自发的过程,但由于整个村镇成员对地理与气候、风水与信仰、生活方式和文化观念等因素基本达成共识,因此形成了村镇格局和聚落景观,并注重群体的塑造和整体关系的建构。在一定的自然条件和传统的宗族制度、风水思想影响下的传统村镇的选址布局

具有一些总体特征。

1.营造和选择田园般的环境

古往今来,以传统民居形成的大小乡村村镇,山寨聚落无不依山傍水,因田就地,自然环境中的山水田园成为传统村镇空间中最为明显的因素。从江南水乡到陕北窑洞,从湘西的吊脚楼到闽东的土楼,无论北方还是南方,也无论平原还是水乡,都体现出与自然环境相互融合的空间形态。传统村镇的空间发展一般依山或沿水展开,山水田园成为村镇空间发展的骨架,决定着村镇空间基本格局。同时,山水格局的变化往往也决定着村镇空间发展的方向和态势。

婺州传统村镇的选址受到风水"形法"的影响,讲究"藏风得水"。中国风水峦头择基有几个步骤:觅龙、观砂、察水、点穴,从而形成了"玄武垂头,朱雀翔舞,青龙蜿蜒,白虎驯颙"的"四神地"或"四灵地"原则。风水"四灵地"原则要求北面玄武方向的山峰要垂头,南面朱雀方向的山要翩翩起舞,东面青龙方向的山要起伏连绵,西面白虎方向的山要俯伏柔顺,这样的山势才是好环境。这样就形成了中国风水的理想景观模式,它是一个三面环山、水口紧缩、中间微凹、山水相伴、朝抱有情的较为完整的微观地理单元,它反映了中国传统的"天人合一"自然观,形成了一种理想的、优美的、赏心悦目的自然环境和人与环境的和谐景观。

风水环境的选择包括自然环境和人文环境的选择,它对于选址的水源水质、藏风纳气、土壤、生物和人文等生态因素十分讲究。风水的环境模式实际上是一种理想的生态模式,当环境内部的土壤、岩性、水文、植被、养分、光照、人文等综合因素组合合理、相互协调时,生态环境的质量也就随之而提高了。风水以土壤作为辨别环境好坏的因素之一,其要求土地肥沃,土质细腻坚实,对水质也有直接的影响。这样就便于农业的生产种植,并且在潜意识中规避了放射性土质对人体的侵害,这也与现代生态建筑理论不谋而合(图 3-1)。

　　风水不仅以居住地周边的生物作为衡量标准,要求植被茂盛,草木葱郁;而且也十分重视社会人文环境,以求得心境的宁静。环境造就人的品性,这是古今人们的共识,也便于后代的繁衍生息。

　　因此,婺州古民居建筑一般在山水之间建造,总体呈现出背山面水、山环水绕之势。民居建筑在色泽、体量、架构、形式、空间上,都与自然环境保持一致的格调,建筑与环境相互渗透,人类与自然融为一体。这同时也是一种"因势利导""因地制宜"的设计思想;依循着自然的地势、地貌、山川河流等自然环境而设计、布局人居环境,体现出中国传统村落设计中人与自然融为一体的设计思想。

图3-1　金华市婺城区石楠塘徐氏宗祠远眺

李约瑟曾经说过："中国建筑总是与自然调和，而不反大自然"。的确如此，效法自然、追求天地人三者完整的和谐统一，实际上成了古代中国人营构建筑及村落的一种自觉意识和一种理想境界。"天人合一"不仅体现了中国古代社会人的生活理想，而且从根本上成就了中国古代的文化精神，当然这个理想也直接影响着作为文化载体之一的建筑的发展演变。几千年来，中国传统村落的建设与发展，始终是以尊重自然为前提的，而人们的创造力也是先融入自然和社会历史传统中而后再表现出来的。

在婺州村落规划中，"天人合一"是指"天道"与"人道"或自然与人事是相通、相类和统一的。这就是说"天人合一"主要有三层含义：一是天人相类，天与人都是物，虽然具体的形态不同，本质却是一样的，即"物物皆太极"。二是人效法天，《周易大传》曰："夫大人者，与天地合其德"。如果天变，人也应该效法天而变，以顺应自然，并通过模拟自然来适应自然。三是天人调协，要求在采取"财成天地之道""辅相天地之宜""范围天地之化"等手段时，不要破坏自然，并通过模拟自然来改造自然。譬如将"天人合一"思想运用到村落规划布局中，可以将体量高大的建筑物布置在村落的中心轴线偏北的地段，稍低小的建筑物布置在两侧，秀美多变的建筑物则布置在南部地段，形成统一有序、错落有致的格局。在传统村落布局中还经常会采用太极、星象等，这些正是中国古代对宇宙现象的一种分析，古人用此预测事物变化，指导生产、生活。如俞源太极村的规划布局体现了营造者"效法自然、天人合一"的理想。俞源村口曲溪从南至北巧妙地划分了太极阴阳二仪，阳鱼古树葱郁、阴鱼新禾盖地，两鱼尾嵌进两边山坡，形成了一个直径320米、占地120亩（1亩=667平方米）的巨型太极图案，太极图与周围十一道山岗形成天体黄道十二宫的意象。村中主要的28幢古宅院按二十八星宿排列，村中的"七星塘""七星井"呈北斗七星状分布,用于防火、抗旱、饮用、辟邪,并把俞氏宗祠"装"在北斗七星的斗内。

婺州村落中以"枕山、环水、面屏"为特色的景观营造手法,不仅具有哲学上的象征性,以及功利上的实用性,而且还具有审美性,可以满足人们融入自然的心理追求。中国文化的传统理念十分崇尚自然山水,谢灵运在《游名山记》称:"夫衣食,人生之所资;山水,性分之所适"。因此在婺州村落环境的营造中,往往掘土推山理水,形成自然美与人工美相和谐的田园环境。在村落水街、桥梁等设计中,忌直求曲,以求气顺,并与周围自然环境相协调。水街既然临河,总不免会设有停靠舟船的码头或供洗衣、洗纱、汲水之用的石阶,这些设施都有助于使建筑物获得虚实、凸凹的对比和变化,从而赋予水街空间以生活情趣。桥一般都呈现出造型轻巧、灵活的特征,除主要起交通组织外,还连同它的周围环境起到美化景观的作用,极富诗情画意(参见图3-2)。

图3-2 兰溪诸葛村远眺

2.向心围合的空间结构

婺州村落形成的围合空间和中国传统风水观念紧密联系,风水理论中"四灵地"的典型模式,一般使传统村落形成三面或四面山峦环绕,地势北高南低的布局特点。背阴向阳的内敛型盆地或台地,甚至人工经营的地形均可"藏风聚气",是利于生态的最佳风水格局。"内气萌生,外气成形,内外相乘,风水自成。"这种围合式的布局是与人的自我意识和心理需求分不开的,在这种围合性的空间中,人们可以得到安定感,因此它是一种"积极空间"。同时风水所形成的围合空间并不是封闭空间,而是存在气口和水口的局部围合空间,建筑空间与空地彼此和谐的分布,形成开合相宜的空间形态。风水对"藏风聚气"围合空间的追求,是中国古人的"内向"思维方式的表现,形成了中国传统建筑对外封闭、对内开敞的庭院模式。如兰溪诸葛村,整个村落是一组具有"阴阳八卦"特色、明清风格的古建筑群。据专家考证,诸葛村村落的整体建筑营造格局,是其始祖大师公为纪念先祖诸葛亮而按九宫八卦阵图式精心设计构建的。该村处于八座连成弧形的小山包围之中,地势隐蔽。始建者全面规划、按九宫八卦构思,精心设计了整个八卦村的布局:外有八座小山,形成外八卦;内以钟塘为中心,环绕钟塘,八条小巷向外辐射,形成内八卦。村内弄堂似通非通,似连非连,曲折玄妙。村内房屋分布在八条小巷,虽然历经几百年岁月,人丁兴旺,屋子越盖越多,但是九宫八卦的总体布局一直不变(图3-3,图3-4)。

婺州村落空间在围合的同时,又表现出流动与渗透的特征。空间的流动通过轴线关系表达,分为两种方式:一种是用直接的实体围合进行导引,如曲折的街道、相套的院落;一种是对心理上空间流动的导引,如视线的对景与转换。空间的流动性,使传统的建筑和环境空间表现出沿轴线向四方延展的特性。传统的建筑空

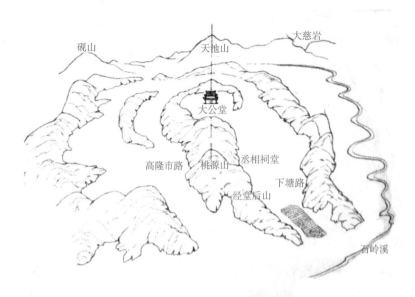

图 3-3　兰溪诸葛村风水环境示意

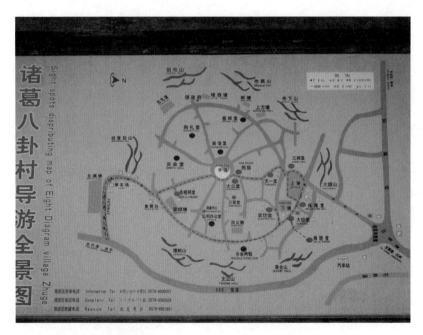

图 3-4　诸葛村平面布局示意

间以三合院、四合院的方式组织,当建筑需要扩大时,则以重重院落相套;沿纵轴与横轴发展,如此形成纵深一进一院的交互关系,横向也成一顺一跨的关系,通过轴线的导引,使建筑空间呈现出有机生长的特点,这种关系同样也表现在村落和山水的格局之中。

空间的渗透在婺州主要表现为人工环境要素和自然要素的穿插和开敞空间的设置。婺州村落内部往往是建筑与山水同存,同时有部分空地存在。这些自然要素起着联系外部山川的作用。具体表现为开窗和天井庭院的设置,"方隅孔窍,或在宅外,或在宅内,能引八风而入",寻求天气、地气的阴阳交融,从而在生理、心理上起着放松空间,取得宽松、开敞、通透的效果,实现私密空间向公共空间的转换。

《阳宅会心集》中认为"君子营建宫室,宗庙为先,诚以祖宗发源之地,支派皆源于兹"。每个村镇都有中心:形态中心或者精神中心。西方国家的村镇往往以教堂为中心标志。中国传统村镇因为多是血缘村镇,因而宗祠多位于村镇中心。许多大型血缘村镇还有多个次中心。整个村镇布局常以宗祠(或庙寺)为中心展开,形成一种由内向外自然生长的村镇格局,犹如生物有机体的生长。村镇空间布局由此呈现出一种主次分明、先后有序、分区明显的空间形态。根据尊者择中而居,一些村落或围绕宗祠向外展开,或以族中长老的地为基准,下分若干支系,村东为长房,村西为次房,按尊卑大小依次形成若干组团。比如在兰溪诸葛村,整个村落是以大公堂及钟塘为中心,周围环绕住宅和祠堂,具有很强的内聚性。

婺州村落在围合空间的中心大多设置祠堂等公共建筑。婺州村落建筑基本都以宗祠为活动中心和心理中心展开布局,形成聚合状的村落组团空间。祠堂的形态、尺度和布局,主要受两方面因素支配。一方面是"家国同构"观念的影响。祠堂作为宗族的精神支撑,如同宫殿坛庙显示王权的作用。我们看到,在婺州祠社很大程度借用了宫廷建筑的方法。如对称布局、强调纵深秩序,或一字形展开显其宏阔。另一方面是风水观念的影响,风水上讲明堂开阔主人丁兴旺。祠堂的营造被看成事关宗族的发展,为寻觅"风水宝地",很多祠堂前有溪流环绕,或开一鉴堰月塘(图 3-5)。综合上述因素,祠社区域构成了村落中相对独立的景区,其主景一般为祠堂前的门屋,它用料硕大,精雕细镂,常冠以五凤楼或歇山式屋顶,有时还有牌坊引导,周围空间相对开阔。以义乌何店村为例,何氏宗祠是何店村重要的祠祀建筑,是柯山何氏的总祠。何氏宗祠明堂在其左翼,祠前开渠引水,溪堰内有水流从门前流过。

图 3-5　永康厚吴吴氏宗祠

二、婺州传统村落的空间序列和审美追求

婺州传统村落构成主要包括:水口,村或镇建筑群入口(有的和水口结合在一起),主街或水街,宅居团组,巷道或水巷,祠堂或者祠堂群以及中心小广场,节点(牌坊或牌坊群、桥亭、更楼、绣楼)。婺州村落的总体布局形式以及街巷、民居、水系等物质要素的格局、肌理和风格是一个有机的整体。村落的空间序列遵循"启—承—转—合"的章法。

1."水口"的营造

"水口者,一方众水所总出处也"[1]。在风水术看来,水是财的象征,财对村民当然有极大的意义,不可轻易流失,所以,水口要"关锁",就是最好有狮山、象山或龟山、蛇山隔岸相对,把水流逼得打一个弯。这样,水就不是无情地"一泻无余",而是显出"去水依依"的情态。但去水是不能真正堵塞的,所以,就要用庙宇、亭阁、桥梁、水碓、文笔和树木等来共同掩蔽水口,象征性地加强关锁。水口的营造改善了村落的环境及景观,使婺州古村落呈现出"全村同在画中里"的环境特征。

水口是村落空间序列的开端,它首先为村落开辟了丰富的入口序列空间,采用欲扬先抑的手法,具有良好的导向性,自然与建筑十分协调。在这入口序列上的诸多建筑,如文峰塔、魁星楼、牌坊群等体现出人们生活追求的目标,同时也显示建筑的地方特征。

从观念上看,水口对村落的盛衰与安危起精神主宰作用,一个村落只要水口得当,就能子孙繁盛,兴旺发达。水口是一村的保

---

①缪希雍.葬经翼.

护神,它对于村落而言是抵御外界侵犯的壁垒,使一村居民具有共同的安全感。这方面浙江兰溪姚村颇具典型:"姚氏阳基自柱竿山中……转坤申土星,命名龙山,脱落五支,杜撰五指,犹如金龙献爪之形,后有黄土山为屏,前有小青山作案,左回仓山,右抱象山,并耸狮山如华表。天开于北,地闭于南,小溪一带,水纳乙辰,从丁未而出,此龙山之大观也。宋景炎年间,万六始祖由绍至兰西迁,居龙山,遂为姚氏阳基。至福三公插藏龟山,得发族之地,于是人丁繁衍,富贵吉昌,才建宗祠以关水口,东佐锁漾庵,西造锁漾桥。今左增文殿,右改武宫,姚氏阳基不且益胜哉。"因此,婺州许多村落水口利用不同的山势、冈峦、溪流、湖塘等自然形态,进行加工营造,有的村落还建有桥梁、牌坊、楼台、亭阁或石塔等建筑,增加锁钥的气势,扼住关口,还有的种植茂密的树林,形成优美的园林景观。例如诸葛村的水口在村东北的北漏塘(图3-6),塘前建有关帝庙,庙前有石质节孝牌坊一座,朝向相同,风水认为关帝庙是锁,牌

图3-6 诸葛村北漏塘

坊是钥匙,两者一起关锁住水口,以藏风聚气。关锁水口是风水术的一个基本要求。在关帝庙西侧又造了一座凉亭,供人们休息。

2.街巷空间

街巷空间是古村落的主要公共空间,是村落景观的外观表征。它构成一个多功能的空间活动网络,容纳了人们的居住生活、商业交往和游憩观赏等多种活动,是反映历史风貌的主要视觉廊道。街巷空间应包括街、巷、弄、河,以及作为街道空间的延伸和扩大——广场空间等。街巷空间所包含的建筑信息丰富,包括街巷空间尺度、立面、铺地、小桥、河埠等。街巷空间的层次变化,从街道到巷、弄是从开敞到封闭的转化,从公众空间到私人空间的转化。婺州村落街巷的宽度根据用地条件而定,一般在3~4米。沿街两侧建筑,一般皆为两层,檐口高度6米左右。小巷宽度多在2米上下,甚至更狭窄,即使与水坝组合,宽也不超3米。由于婺州村落中街巷两侧建筑立面在细部处理、建筑材料和色彩的运用上富于变化,使街巷空间变得很有韵味。在不同的视觉空间,布置形态不同的建筑,构成不同的画面。

婺州村落的街巷界面普遍存在的是一种较为随意的连续方式。这种随意的连续方式不是所有的界面形式都连续,它们采用的是一种互为暗示的、"笔断意连"的设计手法。这种手法注重的不是单纯形式的连续性,而是气运的贯通。相同的乡土材料(竹、木、土、石)的灵活运用,色彩的一致,体量的相近,建筑之间不经意的联结(往往是两户之间共用山墙),共同促成了街道边界立面的连续性。山地和临水的传统村镇一般是先有道再有屋,但街道地面一般都在街道成型后才最终完成,工匠们将青石板打磨成规定的尺寸,按民间的法式加以铺装,形成了街道路面强烈的统一性、连续性。

婺州村落的街巷并不是笔直、单调的,而是曲折多变,蜿蜒生情。街巷的曲折生情主要表现在街巷多种方式的收放与转折。人们穿街走巷,虽然只是简单的线性运动,但这种近似于二维空间的活动却带给人丰富的空间体会。婺州街道一般在转角处都有放宽的处理。一方面因为转角视线过于局促不能看到对面的来人,另一方面对转角的角度做渐进变化的处理而不使其显得过于突然。在街巷空间转折变化之处,往往用建筑小品,或者某种装修装饰进行提示。在婺州,有些村落的街巷因为地形关系形成的空间转折也普遍存在。街巷的转折实际上是村落和自然互动的产物,二者特有的契合关系使很多街巷成为顺应河流的自由曲线。因此这种界面转角一般都是钝角,感觉上显得相对柔和。

　　自然的树木植被通过"柔性界面"设计,转化为村落街道的绿化景观,它是对个性空间的一种特定性的界定符号。它既增强特定空间的个性化、景观化和标识性,又起到了延展空间的作用。如在婺州村落街巷中,门前或河边的柳树成为街巷中一个不容忽视的柔性界面,它既将河岸立体化了,也增强了柔美景致的视觉美感。柔性界面往往与建筑实体界面形成相辅相成的整体。树木植被可以使得建筑界面趋于柔和,增加自然的感觉和活力。如具有点景作用的大树经常出现在界面转折处,一方面它柔和了转折,一方面起到了障景和增加景观层次的作用。

　　另外,街巷在阴影变化上也融合着人的生活与自然契合的设计思想(图3–7)。刘熙载所著的《词概》有云:"词有阴阳,阴者采而匿,阳者疏而亮。"街巷景观的开合变化同样体现了这样一种阴阳变换的关系。垂直界面的收放、开合、转折,为街巷景观带来了丰富的光影变换。街巷的阴影也可以被看作是街巷的一个无形的界面,它能够影响人们对空间的体验,但又不影响空间的固有形态。阴影会使人感到空间狭窄压抑,而洒满阳光的空间则稍显宽敞。街巷的转折和开合带来了丰富的明暗对比,也增强了空间的韵

图 3-7　兰溪姚村街巷

律,房屋的檐口部分常常起到强化这种对比的作用。在婺州古镇的狭小街巷中,深远的挑檐在为人们生活提供方便的同时,也形成了宽阔的水平线界面,这一界面在重新塑造阴影区的同时又和明亮的阳光形成鲜明的对比,使狭窄的街巷空间获得了向上腾跃的空间意象,和上行的台阶配合起来就更突出了由暗到明或由明到暗的光线对比,增强了空间的方向性(图3-8)。

图3-8　义乌何店街巷

图3-9　义乌方大宗祠门厅

3.祠堂等公共空间

　　婺州村落中的家族宗祠往往成为传统村落的中心和"高潮"。祠社往往是村落中最宏阔华美的建筑,很多祠社前辟有较大公共活动空间,形成广场。有的宗祠布局受到风水的影响,前面有月塘,或者有溪流环绕。村落当中这个相对开敞的空间和狭窄、封闭的街巷空间形成强烈的对比,使得整个村落空间序列达到高潮。因此宗祠建筑往往高大雄伟,气势不凡(见图3-9~图3-11)。如俞源村的俞氏宗祠,有前后两进,大门前立有旗杆和抱鼓石,象征俞氏家族身份荣耀。第一进大门共五开间,建有雕花古戏台,因其面积大、雕刻精致,曾有"婺州八县第一台"之誉。第二进宗祠梁柱粗硕、构造讲究,古时是俞氏家族祭祖及宗族社会文化活动的中心场所。再如建于清代的方大宗祠,位于义乌后宅街道塘下村,整体建筑呈阶梯状,分为门厅、正厅、后厅前后三进,布局清晰,木雕精美。祠堂正厅由28根石柱相撑,横架上的大梁直径达70厘

图 3-10 义乌方大宗祠正厅及水庭

图 3-11 义乌方大宗祠后厅

米。正厅前天井凿有两口水池,用石栏分别围住,两池中间架一双拱石桥。

同时在村落的居住区中还有井塘、更楼、支祠等节点空间,这些连接街巷和住宅的公共空间,成为村民日常生活的场所和次要中心。以兰溪诸葛村为例,村内除了钟塘以外,主要还有上方塘、新塘、积废塘、西坞塘、北漏塘、聚禄塘、洪义塘、上塘、下塘等多个池塘。这些池塘星罗棋布于丘陵之间,既有风水上面的考虑,又可以满足生活的需要,还可以调节当地的气候环境(图3-12)。

图3-12　兰溪诸葛村水塘

第二节
建筑平面布局与功能要求

婺州传统民居平面形式多样，往往采用合院式布局，基本布局形式多作内向矩形，堂、厢房、门屋、廊等基本单元围绕长方形天井形成封闭式内院。以天井为连接点，以厅堂为主轴线，点线围合成多样组合的形式，这种形式具有向心性、整体性、封闭性和秩序性等特点。

1.小型住宅

婺州小型民居一般以一字形三开间为基本单元，当地叫做"三间头"。有的在"三间头"一端或两端，以折尺形状搭建厢房，民间叫"大钩"或"二头钩"。其中"三间头"加两侧厢形成的三合院也叫"五间头"，即一般是正屋三间，两厢各有一间，当中为天井，前有照壁墙。

2.中、大型住宅

婺州中、大型住宅民居往往采用三合院、四合院布局。三合院为"凹形"平面，婺州比较典型的是"十三间头"民居（见图3-13~图3-16），即正房三间居中，朝南面天井，正房东西两侧各五间厢房，前面用墙围合成三合院。正房其中央一间为敞厅，厅侧两间为居室，是为主人居住之所。正房东西两翼各有三间面向天井，称为厢房，有时中央一间也可以作为敞厅，是为晚辈居住之所。正房与厢房连接转角处两间被称为"洞头屋"，条件较差，多做厨房及贮藏之用。

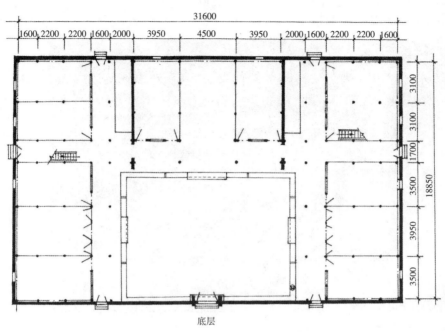

底层

图 3-13 "十三间头"平面图
（引自王仲奋《东方住宅明珠：浙江东阳民居》，天津大学出版社 2008 年出版）

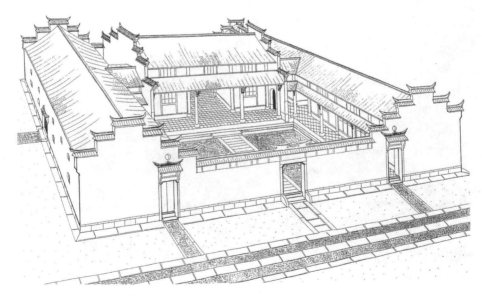

图 3-14 "十三间头"立体图
（引自王仲奋《东方住宅明珠：浙江东阳民居》，天津大学出版社 2008 年出版）

图 3-15 东阳上蒋北十三间头正屋前廊

图 3-16 东阳上蒋北十三间头外立面

四合院是"回"形平面，由房屋围绕天井四面布置成为一个对外封闭的住宅，在浙江俗称"对合"。一般是将三合院朝正房的围墙做成门廊，或与正房对应做成房间，留出中央一间做门道。与北方不同之处就是大门不像北方开在旁边，而是多开在中央，强调立面的对称，对通风也有好处。四合式以"十八间头"居多（图3-17），亦称"十八楼"，一般是在"十三间头"的基础上，前面照壁改为倒座房，后为正厅，一排3间，左右厢房共6间，四面围合成四合院落。

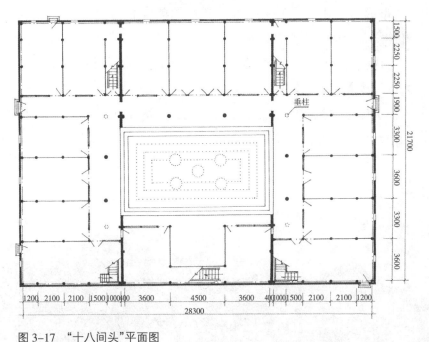

图3-17 "十八间头"平面图
（引自王仲奋《东方住宅明珠：浙江东阳民居》，天津大学出版社2008年出版）

在规整对称的中、大型住宅中，三合院或四合院实际上就是纵横拼凑的标准单元，可以适应不同形状的基址，又便于分期扩建。不论扩展到什么程度，都不失其整体的完整性。如"H"形平面，由两个三合院背对背组合将中间厅堂分为前后两个空间，分别供两个院落使用。前后有两个天井，前面一侧连正面高墙，后面天井连后面高墙。如武义郭洞村的燕翼堂。

婺州许多大规模的多进院落都是由13间的三合院和18间的四合院组合成的。如"日"形平面，即前厅后堂式，当地称为"二十四间头"，由两个"十三间头"三合院组成，按中线纵向排列两进，中间隔以天井，左右厢房。大门位于第一进照墙的正中。第一进为前厅，第二进为后堂。以前厅为尊，祭祀等均在前厅举行。后进地坪高于前进，形成前低后高的地势。这种组合可以多单元延伸，形成三进、四进、多进堂，沿中轴线两侧设通廊和厢房，把建筑群体闭合成一个规整的矩形。同时也可以横向延伸，形成更大的组合体甚至多轴线封闭性群落。以义乌市上溪镇黄山五村的黄山八面厅为例，现存建筑三路六院，建筑面积约2500平方米。总体平面大体上保持明清四合院"三轴四部分"格局，中路建筑为传统的前厅后堂的基本格局，沿中轴线上依次分布为花厅、门厅、大厅、堂楼，其南北两侧分别有两座三合院，共4座厢厅，故俗称八面厅(图3-18)。

图3-18　义乌八面厅正面

3.特大住宅

婺州特大住宅并不是一栋住宅,而是由多栋住宅组成的民居建筑群,但是因为其属于一个家族,所以也可以看成是一栋住宅。其典型代表就是东阳卢宅,现存厅堂宅第30余座,74厅84堂,总建筑面积30多万平方米,占地2200亩,规模近似一个村落。

整个建筑群落南北长320米,东西宽230米,形成东西并列八条轴线的巨大住宅建筑群。其中肃雍堂轴线是主体建筑,肃雍堂轴线前后九进,依次是捷报门、国光门、肃雍堂大厅、肃雍正堂、乐寿堂、世雍门楼、世雍堂、中堂、后楼。肃雍堂轴线前四进与后五进之间由石库门分隔,前四进是全族祭祀祖先、教习子弟、会客待友的主要活动场所,后五进则是主人起居生活的场所。前四进由门楼入内,明间设过厅;照厅明、次间开敞,设家神庙,备祭祀及节日时用;大厅肃雍堂与其堂前大庭院供给全族人举行祭祀、聚友、宴会之用;厢楼则陈列祖宗牌位及画像。后五进以世雍堂为主体,正屋的厅、堂、楼为宗支红、白喜事公用,大房及两侧厢房均为家眷住宅。整条轴线主次分明,尊卑、长幼有序,内外有别,封建伦理

道德观念得到了很好的印证。

肃雍堂是中轴线的主体建筑(图 3-19~图 3-21),始建造于明景泰七年(公元 1456 年)至天顺六年(公元 1462 年)。整个建筑呈工字形,进深十檩,为"勾连搭"结构。前为正厅,面阔三间,左右有轩;后为正堂,三间插两间,两侧有厅。前檐斗栱明间用平身科四攒,次间用三攒,后尾斡杆挑住金檩。梁间不用瓜柱,用坐斗及重栱,梁头伸出柱外雕刻成各种图形。脊檩下用云牌,也雕刻花纹。不论斗、栱、梁、枋、檩,凡可雕刻和彩绘的地方,都刻上了花纹和线脚或绘上各种图案,极尽东阳木雕和彩绘的技能。

图 3-19　东阳卢宅平面示意

图 3-20 东阳卢宅门坊

图 3-21 东阳卢宅肃雍堂

第三节
婺州传统民居艺术特点
与审美取向

一、布局严谨,轴线对称

  中国传统民居的特点是以"间"为单位构成单座建筑,再以单座建筑组成庭院,进而以庭院为单元组成各种形式的组群。婺州传统民居的特点是以"三间头"为基本单元,组成"七间头""九间头""十三间头""十八间头"等合院建筑。其中以"十三间头"数量最多,最为典型,进而以"十三间头"为单元,组成各种形式的组群。因此,婺州民居的庭院与组群布局,大都采用均衡对称的方式,多以纵(中)轴线为主,横轴线为辅。

  婺州民居体现了等级分明、主次有序、对称平衡的空间秩序,一般强调以堂、院为中心,视堂为天地交汇点(贡桌、祖牌、尊位),再通过院落向外辐射。民居的屋宇的高度有严格要求,遵循"前不宜高,后不宜空"的原则进行布局,即后屋比前屋要高,从后往前逐渐降低,既保证了采光,又使视线不受阻碍。规模较大的民宅,以前面的屋为案山,以左右两侧的厢房为护卫,中设天井为明堂,整个房屋的排列从后往前次第下降,形成错落有序之势。拥有数重的民宅,常从后面的主屋开始,将前后各重屋分作一、二、三重案山,中间分大、中、小三种明堂,表现出特有的空间组合,这在很大程度上左右了中国传统民居的空间布局(图3-22)。

在大型住宅中,一般采用严整对称的格局,经过大门(门厅)、仪门(二道门)进入前院,正房大厅为迎宾会客之用,供接待贵宾、婚丧大典之用,是住宅民居建筑群体中的主体。一般加大进深,突出建筑物的高度,大厅多采用抬梁结构,以表现户主的财富与地位。大厅内部建筑构造精巧,装饰华贵。大厅多采用三至五开间的布局,开间的宽度由中央向两侧递减,即中间较宽。大厅入口各间为通长落地门扇,可全部开启。大厅内壁柱间设板壁以避免视线直通内院,板壁上悬挂字画、对联、匾额,与室内的家具共同组成了大厅内部丰富多彩的空间。大厅的前后左右都是走廊,走廊还可以与侧面的备弄相连,这种布局使服务人员的往来行走不致干扰大厅中的活动。二进院的大厅一般为祖堂(香火堂)。二进及后院的正房多为主人及内眷居住之所。

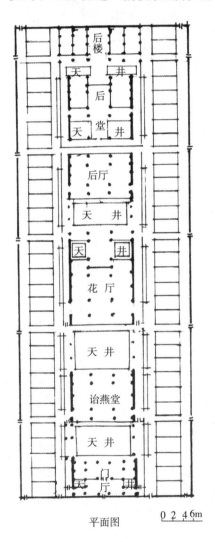

平面图

0 2 4 6m

图3-22　东阳紫薇山尚书第平面图
(引自丁俊清、杨新平《浙江民居》,中国建筑工业出版社,182页)

内厅在规模大的民居中常为两层的楼房而且带有两侧的厢房。由于木结构的技术限制以及生活的便利,民居的层数很少超过两层,内厅下层为内眷起居之用,上层为卧室。各重院落的大厅也是婚丧喜庆招待宾客及宴会之所。各重院落的厢房则为辅助用房,书房以及儿孙晚辈的住所,每套厢房成为一个小的居住单元。仆人则住在内外院通风采光条件较差的房间,这种主从分明、长幼有序、内外有别的格局,就构成封建大家族的典型居住方式。

二、造型典雅,轮廓丰富

婺州民居砖墙墙面以白灰粉刷,墙头覆以青瓦两坡墙檐,粉墙青瓦,明朗而雅素,形成了"粉墙黛瓦马头墙"的景观。马头墙墙头都高出屋顶,轮廓作阶梯状,脊檐长短随着房屋的进深而变化,以三阶、五阶最为常见。马头呈现反抛物线形微微上翘,好像马头一般,极富韵律,因此婺州称其为马头墙,而平头的称屏风墙(图3-23,图3-24)。后者在徽州民居中比较常见。马头的造型多样,有的脊头上翘并开岔看似喜鹊尾形的喜鹊马头,有的脊头上翘后翻卷看似关公的大刀的大刀马头,有的脊头上用砖叠成印形的一颗印马头。一般武职或是商人喜欢砌成大刀马头,因为关羽深受武官和商人的尊崇;文官府第则砌成一颗印马头。除了马头墙外,婺州当地还有不同的封火墙形式,如观音兜、梅花瓣式或复合梅瓣式封火墙。这些马头墙和封火墙打破了一般墙面的单调,增加了建筑的美感。一些大型宅院由数间乃至数十间不同朝向的房屋组成,马头墙也随之出现交错不同的朝向。加之房间宽度、进深的不同,地形高低的变化,马头墙的高低随之有所不同,就形成了更丰富的空间变化。

图 3-23　马头墙

图 3-24　马头墙

在婺州传统建筑中，为了装饰建筑外墙，丰富平坦的墙面，门罩、门楼以及形式各异的窗户的出现，都起到了一定的艺术效果。大门是外墙装饰的重点，一般住宅用门罩，比较富裕的人家则用门楼（图3-25，图3-26）。门罩形式多样，最初多以水磨砖叠涩几层线脚挑出墙面，水磨砖顶上覆盖瓦檐，构造形式较为简单。后来构造愈加复杂、装饰更加精美，如门框上部用水磨砖砌筑成垂花门样式，在两垂莲柱之间以砖枋联系，檐下再用砖檐支撑等。门楼较门罩更为复杂，一般仿牌楼形式，一间三楼或三间五楼，材料有砖、石、木几种，大多雕刻精美，显示出宅主人不凡的经济实力。婺州民居外墙一般都开窗，一层窗户较大，堂屋多不设窗，多以水磨砖制窗框，上部加盖砖檐，当地人称为雨罩；二层窗户稍小，无雨罩（图3-27，图3-28）。这与徽州民居有很大的区别，徽州民居主要受到徽商文化的影响，出于防盗需要一般一层基本不设窗，仅在二层开小窗。

图3-25　义乌协和堂门楼

图 3-26 兰溪姚村门楼

图 3-27 东阳史家庄花厅窗罩

图 3-28 义乌新园十六间民居外景

三、结构巧妙,富于美感

　　婺州民居的结构巧妙,富于美感。穿斗式梁架和月梁式梁架
的有机结合使用是婺州住宅结构的显著特点之一。小型住宅用穿
斗式梁架,或局部用双步梁架,因为柱、枋太多,室内不能形成连
通的大房间。穿斗式梁架穿枋断面为矩形,有时略呈弯曲,剖面如
琴面,素净无华。大型或较富丽的住宅大厅明间二榀采用抬梁式
梁架,边榀采用"减柱法"穿斗式构架,也有的采用柱柱落地的穿
斗式,使得房屋尽端的结构得以加强。厢房大多采用穿斗式抬梁
式梁架,也有的采用"减柱法",可以扩大室内空间(图3-29)。与穿
斗式梁架相比,抬梁式梁架结构复杂,但是结实牢靠,室内有较大
的使用空间,气势比较宏大。在婺州抬梁常采用插柱式,月梁雕刻
华丽,断面接近圆形,两端较中央稍细,大梁起拱,作极缓和的弧

图3-29　义乌云门陈大宗祠正厅梁架

形,梁端下部自雀替上出一凹形柔和曲线,呈鱼鳃、龙须状。

　　一般大型的住宅大厅多为九檩进深,双步梁上用驼峰承托栌斗,斗旁出栱承托单步梁头。也有不用驼峰而用瓜柱的做法。进深较小的七檩建筑,檐柱与金柱之间则仅以月梁形单步梁联系。梁架中的丁头栱、叉手、平盘斗等均雕成莲瓣或花卉等图案,十分华丽。三架梁梁头亦雕成云纹、卷草,单步梁(劄牵)一般做成鸥鱼状或虾背形。这些砌上露明造梁架的建筑构件,大多刻有花纹、线脚,梁架构件的巧妙组合和装修使工艺技术与艺术处理相融合,达到了珠联璧合的效果(图3-30,图3-31)。

　　婺州民居出檐一般多用插栱以承托外檐重量,且常使用斜栱;到了清代,梁多向外端伸出,直接承托檐檩。而向外悬挑的楼层则将梁枋延长伸出柱外,并在外伸梁下增置撑栱,婺州当地俗称"牛腿"(图3-32)。 牛腿是在檐柱外侧用于支撑挑檐或楼厢的承重构件,其装饰展现了婺州民居木雕的高超技艺,牛腿外形常

图 3-30 义乌新园十六间民居正厅月梁、雀替

图 3-31 兰溪市社塘衍瀫堂中进梁架装饰

图 3-32　永康厚吴存诚堂牛腿

作艺术加工,富有装饰意味,明代多制成鸱鱼状,清代则为狮子、仙鹿牛腿,清中晚期开始采用山水楼阁、神话传说、古典小说内容的牛腿。牛腿有些被做成圆雕,成为纯装饰品。雕刻精美的牛腿成为婺州民居建筑的典型特征。

四、装修精湛,题材丰富

　　婺州民居装修包括木雕、砖雕、石雕、堆塑和绘画等工艺种类,呈现技术精湛、题材丰富的特点。首先,婺州建筑民居中面向天井的前檐是木装修的集中部位(图 3-33),门窗隔扇、楣罩、牛

图 3-33 义乌吴棋记民居

腿、栏杆等都进行了精心处理，如果是大型住宅，砌上露明架的梁架部分也是装饰的重点。由于部位适当，重点突出，雕琢繁简得体，与周围素雅的板壁、粉墙、砖石地面、天井绿化等相得益彰，组成了一个统一协调的整体，形成宁静温馨的居住空间。在婺州，即使普通的民居也要将大梁、牛腿部分进行雕饰，所以富豪家庭和祠堂更是对所有视线可及的地方进行精雕细琢。但不同的部位木雕装饰还是有简繁对比、轻重之分的，给人一种有节制的奢华之感，而且由于木料不刷漆，从总体上而言仍觉质朴清爽。以义乌何氏宗祠为例，木雕主要集中在槛框、隔扇、天花、戏台、柁墩、札牵、牛腿、雀替等部位，其中厢房隔扇采用斜格棂窗，装修较简；门道照厅和戏台等顶棚采用井口天花装修，天花的岔口等处贴雕简洁的图案；戏台是重点装修部位，戏台藻井、牛腿、翼角、额枋等部位均有木雕；飨堂梁架是装修的重点，木雕集中在梁、檩、枋、雀替、牛腿、斗拱、荷叶墩等处（图3-34~图3-36）。

其次，婺州民居装饰的格调高雅，题材丰富，寓意深刻。以门窗为例，其装饰在图案、纹饰、文字上表达了婺州历史文化和民俗民风，是婺州建筑文化理念、技艺和经济水平的反映。门窗主要有隔扇、槛窗、"落地明"、"花窗"和"天头"等。门窗的图案多采用祥禽瑞兽、植物及几何纹样，用暗喻和谐音的方式表现吉祥的寓意，

图3-34　何氏宗祠戏台装饰

如"平安如意"用花瓶与如意图案组成的谐音来表示;"福寿双全"用寿桃与佛手图案表示;"四季平安"的表示方式是花瓶上插月季花;"五谷丰登"采用谷穗、蜜蜂、灯笼组合;"福禄寿"用蝙蝠、鹿、桃等。另一种门窗常见装饰为人物图案、博古图案等,反映了当地的历史人文信息。比如经常在涤板位置雕刻琴棋书画、梅兰竹菊等图案。不少清代住宅还在堂、厢之前的檐廊处装饰挂落、飞罩,装饰图案与手法与门窗类似,用来加强堂屋严整华丽的艺术效果。

图 3-35　永康厚吴某宅槛窗木雕

图 3-36　义乌八面厅槛窗隔心木雕

第四章

婺州传统建筑材料与工具

第一节
传统建筑匠作与分工

在中国传统建筑技术营造体系中，工匠的贡献是不容忽视的。他们既负责建筑物的营造，又肩负着建筑技术的传播和传承，同时还负责技术规则的总结和调整，中国传统建筑技术经验与规则才能得以总结和流传下来。婺州建筑在中国民居建筑体系中自成风格，其建筑技艺在演变与发展进程中也取得了辉煌的成就，并造就了许多杰出的建筑工匠。然而，在古代由于封建意识的影响，普遍认为的社会地位排序为"士、农、工、商"，工匠群体的地位还是比较低下的，只能通过大的工程立功表现来改变工匠的身份。西汉时期，官府手工作坊中的工匠大多是刑徒与奴婢，到魏晋南北朝时，更多的工匠则是强迫征发或俘虏来的匠户，这些匠户即被称为"百工"。他们的身份低于一般平民，长期被官府控制，甚至这种卑贱的身份也被要求世袭。到隋末唐初，这种工匠服役制度才有所改变，工匠地位才略微提高。在古代婺州地区，一些富商巨贾常常把一些远近闻名的工匠长期雇用在家，让他们终年为自己建造住宅。从房屋开工到落成，往往需要很多年，仅那些石雕、木雕和砖雕，就需要工匠们倾注大量的心血和劳动，正是因此，致使工匠养成了吃苦耐劳的敬业精神。

建筑营造是一个多工种配合的工作，协调的合作能有效提高效率。按传统的行业内容，建筑从业工匠通常分为木匠、石匠、泥水匠、铁匠、漆匠、雕刻匠(木、石、砖三雕)、架子匠等,有时也有身兼数业者。建造过程中,各工种需相互配合,按流程施工,传统工匠在长期营造活动中形成了一定的组织模式。

在传统建筑行业中,大木匠通常居主要地位,这是由木结构建筑的特点决定的,木构架决定了房屋的形式、尺寸,并影响其他工艺的施工。大木匠一般是总体施工的组织者,婺州当地称为"当手师傅",他们负责与东家一起根据建筑基址确定建筑的形式与尺寸等,同时他们也负责房屋梁架建造,主要工序有备料、验料及材料加工,竖屋请梁,理柱,架檩,铺椽等,由此形成建筑物的骨架。通常东家找工匠只要找到当手师傅,然后当手师傅找自己的徒弟或是熟悉的木匠组成施工团队。小木匠主要负责进行门板、挂落、窗格、地罩、栏杆、隔扇、飞来椅等小木装修,有时也加工室内装饰构件如抱柱对、匾额、挂屏、家具等。

泥水匠在建筑营造过程中,是最先介入的,主要负责建筑定点放样、平基、定水平、安磉、砌墙、收山、封檐、阶基、天井、散水、甽地、开挖沟渠、内外墙粉刷、断白、勾线、壁画等。

石匠主要负责建筑施工过程中地基、台基以及石库门的加工安装等。例如开山采石,将荒料加工成材,做成柱子、门槛、地坪、门枕、门楣、台阶、栏杆、侧塘石、露台、井圈、贴面等多种多样的石材建筑构件等,这些都由石匠制作完成。

砖匠主要从事各种墙体的砌筑,如砌马头墙、抹灰等;以及屋面施工中铺望砖、上瓦、做檐口、做屋脊等;同时也包括地面工程,例如方砖墁地,磨砖、对缝等工序,以及漏窗、砖雕门楼的雕刻与安装等细活。

铁、窑两种工匠大多开设各自独立作坊,以提供古建半成品材料。铁匠主要生产铁辅首、门套铁钉、铁扒锔等建筑构件以及各种建筑工具;窑匠也称"把火师傅",他们主要负责生产各种型号的砖与瓦,另外砖雕工艺中脊兽、鳌鱼等瓦饰制品也多出自他们之手。

明清时期,婺州地区经济兴盛,婺州三雕得到了极大的发展,三雕匠人也慢慢从木、砖、石匠人中脱离出来,形成了以雕刻为主的工匠类别。

第二节
传统建筑材料与工具

一、传统建筑材料

　　婺州建筑的用材主要有砖、瓦、木材、石材、黄泥、砂石、卵石、石灰、毛竹、稻草筋等。这些建筑用材大都取自本地,普遍遵循因地制宜、就地取材原则。这样不仅可以节约大量的运输费用,而且经过上千年实践经验的总结,婺州工匠在木材、石材的采集,砖、瓦的加工和制作方面已积累了许多成熟的经验,这些技术已经成为婺州传统建筑营造技艺中不可或缺的一部分。

　　建筑用砖多为青砖,砖呈青灰色,用黏土高温烧制而成。砖还包括门面影壁上使用的磨砖、屋面防漏层铺垫的望砖、屋脊用的压脊砖、扣脊砖、花脊砖以及封火墙和檐下叠涩和台基等部位所用的特制砖等,砖还可以用来雕成各种造型和图案,称为砖雕。瓦件为屋顶用材,除了青布瓦外,还有檐口使用的勾头、滴水等,均可在本地砖窑厂烧制。

　　婺州境内木材资源丰富,主要有松、杉、樟、梓、枫、檫、椿、苦槠、桐、白果、榧、榆、槐、柏、楸、木荷、栎、坚漆及毛竹等。其中杉木材质地坚硬,能防虫蛀,多用作大木构架(包括梁柱、椽、雀替、托脚、蜀柱、楼板等构件)的构件用材(图4-1)。松木则属于抗弯且弹

图 4-1 何氏宗祠所用木材

性较好的木材,一般用作梁、枋等受弯构件。门窗等小木构件需要材质轻、易加工、易干燥且不易变形的木材,因此也多选用杉木等木材。婺州还有丰富的雕刻用材,包括樟木、椴木、白杨木、长白松木(俗称东北松、黄花松)、花梨木、柚木、银杏木、黄杨木、楠木、紫檀、檀香木、榉木,此外还有枣木、水曲柳、楸木、枫木、苦槠木、桑木、黄檀木、柳桉木、柏木、水杉、云杉等。以何氏宗祠为例,所用木材主要有松、杉、樟、柏、楸、木荷、栎等,飨堂柱脚用香樟木,其他柱料用松木,门、窗框和枋板等用杉木,这些木材都是本地出产的,雕刻用材主要用香樟,而榫头等一般用硬木。

建筑石料开采以角砾凝灰岩为主,遍布全市,资源丰富,有青石、白石、粉红石、灰褐石等。尤以青石分布最广,主要分布在苏溪镇新厅和廿三里街道的里忠、里兆一带,含矿面积 1.28 平方千米,蕴藏丰富。大约在唐宋间开始大规模开采,除用于寺庙建筑中雕造佛像外,还大量用于建筑中。以义乌何氏宗祠为例,大门抱框、门槛、天井、柱础等所用石材多为青石和白石,产自义乌县六都新厅,称六都石。后院天井及堂前巷弄铺地用卵石(图 4-2)。

除了木材,婺州境内山多、江溪多,各色石材及鹅卵石、沙石料等资源充足,适合夯筑泥版墙和烧制砖瓦的沙质黏性土、红壤土分布较广。

图 4-2　何氏宗祠地面和柱础

二、传统建筑工具

古代工匠所用土建器具可分抬、运和起吊器具,抬主要靠人力,器具有撬杆、撬棍,运输器具也相当原始,建筑材料从货场运到施工场地主要靠人力搬运,砖瓦沙石材料搬运使用畚箕和缆绳、抬棍等,民国以后人力车开始在工地中使用,减轻了劳力。民间很少使用大型起吊工具,起吊使用原始的方法,用绳索绑扎后,用人力起吊。起吊时可辅以吊杆、滑轮等器具,以提高效率。

木工、泥瓦工、石工通用的营造用尺:弓步尺、鲁般尺、门光尺、丈杆、六尺杆等。其中鲁般尺,亦作"鲁班尺",为建造房宅时所用的测量工具,类今工匠所用的曲尺,相传为春秋鲁国公输班所作。丈杆可以分为总丈杆与分丈杆两种。在大木制作前,需要先将重要数据,例如面阔、进深、柱高、出檐尺寸、榫卯位置等足尺刻画于丈杆上,然后按刻度进行大木制作。在大木安装时也需要用丈杆来校核构件安装的位置是否正确。

大木匠工具主要有锯、刨、凿、斧等,小木匠工具以凿子为主。锯是大木作中的主要工具,用途主要是锯解原木;刨是木匠用来平木的工具,目的是使木料的表面平整光滑;凿是用来开凿榫眼的工具,常与斧、锤配合使用;斧属于劈削工具,主要用来劈、砍、削大料及敲打,以将木材加工成有平面的毛料。婺州木工常用的工具主要有三脚马、解板锯、大框锯、小框锯、斧头、长刨、短刨、角刨、凿、木钻、木槌、小铁锤、夹具、板尺、篾尺、藤尺、线锤、笔、墨等。还有用于榫卯套照的器具:照板2块、丝弦4根、照篾、墨斗、竹签笔、小斧、角尺等(见图4-3~图4-6)。其中墨斗是婺州传统的打线工具,由墨汁容器、线、线锤和脱线器四部分构成。打线时,先在木料的两端确定两个点,然后用左手握住墨斗,右手握墨笔轻按墨线,将其压入渗有墨汁的海绵,边压边拖线。到另一端时,用左食指按住墨线并与事先确定的点重合,然后右手大拇指和食指

图4-3 墨斗

图4-4　三脚马

图4-5　锛的用法

弹起墨线，方向与该面垂直，突然松手,墨线就在木料上弹出一条笔直的线段了。

雕花工具主要有各种刀具,也称凿,有平凿、圆凿、翘头凿、蝴蝶凿、雕刀、三角凿 6 种，其中雕刀又分凿箍型、钻条型、圆刀型 3 种,而圆刀型截面有正口、反口、中口 3 种。另外,还有硬木槌、小斧头、雕花桌、磨刀石、锯、锉刀、砂纸、牵钻、钻头(两面单刀、两面双刀)等辅助用具。

图 4-6　木卡尺用法

泥瓦工主要工具有木夯(泥墙锤)、桶版(泥版)、固定木卡、线锤、泥刮(抹子)、铁锤、托灰板、砂箕、泥桶、砖刀、八角榔头、铁耙、筛子、铁锨、锄头、棒槌、水瓢、水桶。因为砖雕材料特殊,质地比较脆弱,因此砖雕工具不同于木雕工具,相对来说工具材料要更加坚硬,主要有各种型号雕刻凿、钻眼凿、木敲手、木剑、磨头(砂轮、油石)、蓖卡子、方木槌(硬木、枣木制)等。

石工主要工具有大钻子、小钻子、手锤、马口、长柄锤(锏头)等。石雕工具有铲、尖凿、扁凿、各式雕凿、剁斧(线斧、麻点斧)、无齿锯、磨头(砂轮、油石)、尺、弯尺、墨斗、平尺、大锤、画签、线坠、平水竹浆等。

第三节
现代建筑材料与工具
对技艺的影响

一、传统的建筑材料逐渐被新的建筑材料所代替

　　随着社会的发展、技术的革新,人们思想观念的转变都会对传统营造技艺产生影响。传统的建筑材料逐渐被新的建筑材料所代替。建筑材料的改变在一定的情况下也会影响婺州传统民居的构造及形式。譬如,婺州传统民居是以大木架营造技艺为核心进行营造的,其主要建筑材料为木材,然而现在木材逐渐稀少且造价昂贵,有些做厅堂大梁的超大木材还需要从国外进口,有的柱子用多块木材拼接而成。因此,现在的仿古建筑大多采用钢筋混凝土柱子来代替原来的木柱,使传统木构建筑营造技艺面临逐渐消亡的境地。在地基施工过程中,早期的明代民居的基础垫层主要用片石砌筑,由于石材稀缺,后来则用碎石填补。檐口落水做法有自由落水和天沟,最早用陶土烧制天沟瓦,下有天沟板,墙面处有陶管连接,做法有埋在墙内或露明两种;而现代多用铝管代替陶管,并且铝管在天井院内,影响了建筑的整体形象。在铺设屋面时,出于防水与降温的目的,有些使用现代材料如橡胶防水卷材

等,虽改善了屋面防水性能,但也使传统的望砖望板铺设技艺面临消失。

现代材料的使用虽然可以一定程度上解决当地居民的一些实际问题,但是,传统建筑材料的改变,带来的直接后果是我们无法领略到原汁原味的传统婺州建筑风采。长此以往,婺州建筑的形式与构造也会遭到现代工艺与材料的影响,这对婺州传统建筑的保护与传承都会带来不可预计的破坏,因此必须强调用传统工艺与技术对婺州古建筑进行专业修缮与保护。

二、传统建筑材料的制作工艺也已经发生改变

随着社会的发展和技术的提高,一方面传统建筑材料的制作工艺费时且效率低下,逐渐受到当前工业化生产的冲击;另一方面工匠学徒招收困难,而且学徒也没有耐心和精力花费数年学习技术,因此传统建筑材料的制作工艺逐渐被简化,造成了传统建筑材料的质量下降。以砖雕的材料为例,早期泥质细腻,烧制工序讲究,因此砖质地非常好。现在仅有一两家还用传统方法制砖,传统烧制方法较为复杂,因此造价高,且烧制时间较长,满足不了砖雕用砖的需求量。现在砖雕用材已不采用传统烧制方法,这些普通方法制作的砖达不到传统砖的质量,敲击没有金属回声,雕刻过程中易破损,砖的质量的改变一定程度上影响了砖雕的艺术效果。另外,在墙体砌筑方面,婺州地区大多使用开砖陡砌,这种开砖并不是常规尺寸,而是一种长、宽、厚之比约为 1:1/2:1/12 的超薄型青砖。这种砖因为规格较大,现在使用量也比较少,因此烧制既费时又缺少经济价值,一般窑厂不再制造这种砖,使这种开砖陡砌的做法也面临失传的危险。近些年墙砌方法主要为单墙砖

（也称鸳鸯墙或二四墙），此种做法简单，一层一层破缝叠砌。

三、传统建筑材料的施工工艺也发生改变

在传统的建筑材料的使用过程中，部分传统建筑材料的施工工艺也发生了改变。譬如明代时墙体与柱子间有柱门，以利通风，防止柱子腐烂。做法一般每层每柱开一个，大小为一砖长，现已无此做法，一般是将墙与柱保持一定距离以利通风。除了施工工艺的简化，现代化机械工具的使用、工程图纸的出现和工匠的专业性和创造性的降低对传统的施工工艺也造成了巨大的冲击和影响。

1.现代化机械工具对技艺的影响

近年来，随着工业化进程的推进，传统建筑施工过程中现代化机械工具的使用也越来越多。在婺州地区一些传统建筑复建与修缮工地上，时常可以听到切割机、打磨机、电钻、电锯等机械工具工作时刺耳的噪音。毋庸置疑，机械工具的使用无疑会大大提高建筑施工效率，降低工匠劳动力的付出，因此，不少工匠与施工单位并不排斥引进或使用机械工具。然而，长此以往发展下去，将会造成很多传统营造技艺丧失。以复建工程为例，本应做到"原形制，原材料，原技术，原工艺"，然而由于现代化工具的使用，在制作时会有很多机械痕迹，不能真实地再现传统建筑的原貌。同时，在工程施工过程中，由于资金与时间的局限，也不可能真正复原传统的工艺（图4-7，图4-8）。

婺州三雕工艺是一门精细的手艺活，正是通过三雕匠人精湛的手工雕凿，打造出精美绝伦且独一无二的作品，体现出三雕工艺的价值所在。然而，在现代三雕工艺中，现代化机械工具的使用

图 4-7　机械打孔机

图 4-8　电磨

更加普遍。一般大料的切割已全部用机械工具,甚至在一些细部的雕凿打磨时,传统工具也被机械工具代替了。在对婺州地区近些年开设的三雕工艺作坊采访时,不难发现用于砖雕的现代化的工具主要有电磨、电钻、切割机、磨机等。在木雕雕刻做深浮雕时,也会借助一些机器,例如修边机、吊磨机等,以前这些全部是用手工凿子挖出来。现代化工具对传统工艺有较大影响,镂空雕刻以前需要小刀细刻,现在用电磨虽然非常简单,但机械痕迹很重,影响了传统砖雕的工艺效果。在这些私人经营的三雕工艺作坊中,因为受制于经济效益,不可能完全不用机械工具,然而随着机械工具的普遍使用,致使一些工序被省略,相应的技艺流失,三雕制作已不能达到以前的水平。

2.工程图纸的出现对技艺的影响

婺州传统建筑营造技艺经过长时间的发展,已经有了自己特殊的方法和流程。例如在木构件制作中画榫时,传统工艺主要使用丈杆与竹签,由于每根木材的形状与尺寸都不同,因此工匠会依据现场情况对每根木构件制作相应的竹签以标刻度;尺寸、位置等则主要靠工匠的经验与口诀。然而施工图纸的出现,却改变了这一传统的工艺。丈杆与竹签渐渐被遗弃,随之而来的是匠谚口诀的失传,传统工匠学徒时,匠谚口诀是学习中很重要的内容,现在年轻的工匠对此却知之甚少。这也是婺州传统营造技艺传承中的一大损失。

同时,工程图纸虽然一定程度上方便了施工,但是也限制了有艺术修养的三雕匠人的创作自由。按图施工的结果就是出现千篇一律的造型,使传统雕刻作品丧失了风格各异的形象。这同时也是学徒基本功不扎实,三雕技艺的水平每况愈下的一个重要原因。

3.工匠的专业性和创造性逐渐降低

在婺州传统民居营造的过程中,工匠主要采用传统的工艺进行施工。但是现在真正在施工一线上的工人,缺乏古建筑修复知识,有些甚至是现代技术培养出来的工人,对传统技艺一无所知,在他们按照自己的思路进行施工时,会对古建筑造成一定程度的破坏。譬如当设计者要求工人将电磨修整过的石材再用手工凿粗，以求接近明清时期粗犷的风格时，也不被工人所理解。而正是这种无意识，也造成了工人与设计者之间的不理解，影响了工程施工进展与质量。因此培养专业的古建设计人员与具有古建知识的专业修缮工匠就显得极为重要。这也是婺州传统民居营造技艺传承过程中遇到的一个急需解决的难题。

在婺州传统民居营造的过程中，工匠是很灵活的，极具创造性的，常常根据实际情况的需要进行一些改动。在婺州，宋代文人多是隐退的官员，他们的文化修养与欣赏品味使得婺州建筑体现出了自然、轻盈的艺术效果；到明清时期，还是延续了宋元文人追求自然的艺术风格。在这些文人的影响下，婺州建筑的品味与格调一直是优雅自然的风格，这些都活灵活现地体现在了婺州的三雕工艺中，三雕图案的制定多由房屋的主人与工匠共同完成，因此，每处宅院都有它自己独有的形式与风格。然而，现代传承方式只注重技艺的传承，忽略了三雕匠人应具有的艺术修养，因此，工匠缺乏对三雕纹样的设计才能。

第五章

婺州传统民居的营造技艺

传统建筑的营造活动由各种步骤按照一定的工序组成，即房屋建造的流程。《鲁班经》中记述了建房流程中的吉日挑选方法，分别有入山伐木、起工架马、起工破木、画柱绳墨、画墨线开柱眼、动土平基、定磉扇架、竖柱、盖屋、泥屋、砌地、立木上梁等择吉法。郭湖生先生认为："整个过程，不论蒙上多少迷信色彩，毕竟是符合施工本身的顺序规律的。在《鲁班经》里，这个顺序大致是：备料、架马、画起屋样、画柱绳墨、齐木料、动土平基、定磉、扇架、竖柱、折屋、盖屋、泥屋、开渠、砌地面、砌天井阶级。"[1]婺州传统民居营造技艺的流程与此类似，既包括建筑物的屋架承重体系，如大木构件一类建筑结构体系，也包括建筑基础、地面、墙体、楼板一类的建筑围护体系，以及楼梯、台阶、栏杆、隔断、门、窗等构件的制作加工与组合。下面本书根据工种的不同，从基础处理与地面铺装、木构架构造做法、屋顶处理、墙体砌筑、装修与装饰等五个方面来研究婺州传统民居的营造流程、构造做法和施工工艺。

---

[1]郭湖生.关于《鲁般营造正式》和《鲁班经》.科技史论文集,1981,7.

第一节
基础处理与地面铺装

一、基础处理

在营造婺州传统民居时,一般在开挖基础之前,需要进行一系列准备和策划过程。首先由风水师择址定向,按地形地貌及风水选址,定房屋的朝向。然后由东家聘请把作师傅,由把作师傅、风水师与东家根据经济预算、建筑基址情况确定建筑的形式及尺寸,定台基高,选择开工动土的吉日。

营造房屋时,匠师首先根据建筑的图样在地基上放样,由把作师傅用丈杆将开间、进深尺寸及柱位标记在地上,确定建筑平面的大致位置。钉好龙门桩、龙门板,拉好准绳,放线挖土(图5-1~图5-3)。婺州称砌墙基为"摆墙脚",采用沟槽形式,一般开挖到老土(即生土,1米~1.5米)为止,以墙宽的1.5~2倍定槽宽。如果地形较复杂,无法挖到生土层,则可采用打松木桩(千年桩)的方法来处理,松木桩摆设方法为梅花形,五个为一组。基础开槽的宽度一般为墙厚的2倍。与北方常见的砖砌基础不同,婺州主要采用碎石砌筑方法,一般100厘米左右,砌筑时先铺设一层碎石或片石,再在上面铺砂,目的是让砂石填满碎石之间的空隙,增加基础垫层的密实度,也可以起到防潮的作用。

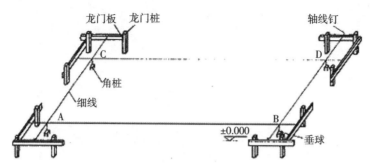

图 5-1　钉龙门桩

图 5-2　放线挖土

图 5-3　基础垫层

基础垫层铺设完毕后，开始砌筑台基部分。台基是建筑物的基础，包括墙基和柱基。根据建筑形式的不同，墙基采用不同的材料和做法，这里以石陡板式墙基为例：基础垫层之上，用方正石（加工过的石块）或毛石干（浆）砌，皮皮搭接垫实，砌出土面，顶面用平整的石板找平。同时各柱位埋设四方形礩墩（柱径乘以 1.4 倍），与地面平。基顶面铺一层压拦石与室内地坪平，四周压拦石上外部砌陡板石（图 5-4），陡板石之间采用燕尾榫连接，内砌毛石或砖。陡石板式多用于豪华厅堂、祠堂等建筑，台明部位多有雕饰。而普通的民居多用毛石墙式，不做任何装饰。具体做法是：找平夯实后，以毛石砌墙，至与室内地平线下约 5 寸（1 寸约等于 3.4 厘米），用条石作压面石，上皮与室内地平齐。

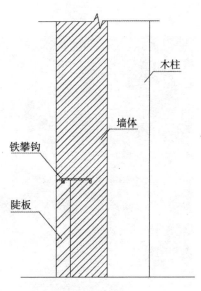

图 5-4 陡板石

基础条石砌筑完成之后，在礩墩安放基石，基石上安装礩盘（柱顶石），与室内地面平，然后校验平整，最后放线安放柱础。柱础的作用是可以避免柱脚直接与地面接触而使木柱受潮损坏。柱础一般高约 30 厘米，柱础间铺地栿石，与柱础平齐，地栿石上常设雕刻精美的通风孔，以利防潮。柱础有圆形、方形、覆盆形等形制，早期造型简练，明清时期上面大多雕刻有精美的花纹。覆盆形多见于祠堂、厅堂、府第和豪宅（图 5-5~图 5-8）。

在砌筑地基与台基时还需同步挖好天井内的排水沟。排水沟中的出水口，由风水师用罗盘取"天干"方向，名为"天干放水"。建

图 5-5　地袱石通风孔

图 5-6　东阳位育堂瓜楞柱础

图 5-7　何氏宗祠柱础

图 5-8　何氏宗祠柱础与柱顶石

筑四周的滴水,收集的雨水流入排水沟,排水沟曲折外出,再通过一定的渠道排至沟渠里。室外天井、明堂四周的散水明沟一般采用条石铺墁(图5-9)。

动土平基后,民居若是石质门框,则需同步砌筑,如是木质门框则后做。石门框主要包括踏步、门踏底、两根方石柱等构件。石构件应保持表面洁净,不得留有灰迹、污痕。石料的表面不能有裂纹、残边及水线等缺陷。各种石构件的安装应按设计位置与尺寸安放平整,灌浆严实,勾缝均匀,细石料安装时要用桐油灰做缝、旧锅铁砌实。

二、地面铺装

府第、祠堂或是商贾豪宅的天井、明堂大多采用条石墁地,普通人家的天井多用卵石、三合土或夯土。有的住宅天井面积比较小,则多用石板或卵石,也有用青砖铺地的。

室内地面明代住宅常见为方砖墁地,清代乾隆开始采用三合土地面。不管哪种地面铺装,一般都要先进行铺设前的准备工作,即抄平、做泛水等。抄平即首先进行基础垫层处理,用素土或灰土夯实做基础垫层,并以柱顶石的方盘上楞为基准在四周墙面上弹墨线,且从廊心地面向外做泛水,一般是做5/1000或2/1000泛水。

三合土地面的做法比较简单,先将三合土夯实,然后淋卤水反复进行碾压,直到表面光滑发亮为止,再用麻绳压出45°的斜方格。干后非常坚硬耐磨,可经历几百年使用而不损坏。

方砖墁地方式一般用于中型住宅的室内地面。其中堂屋一般是大方砖墁地(图5-10),以菱形方砖铺砌方法为例,一般都为先拉线铺砖,边铺边修整砖的大小。有经验的工匠则可只拉四角对

图 5-9　义乌吴棋记民居天井排水

图 5-10 何氏宗祠方砖墁地

角线,然后先铺中间一排砖,再依对角线铺砖。有的砖下有灰膏或者灰浆,以起到黏结作用,然后磨砖对缝(也叫挤缝)。其工序依次为"抄平、冲趟、样趟、接趟浇浆、铲齿缝、墁干活、剎趟、打点活、钻生、呛生"。除了铺设前的准备工作,其主要铺设步骤为先在室内两端及正中拴好曳线并各墁一趟砖,并在曳线间拴一道卧线,以卧线为标准铺泥墁砖。将墁好的砖按下,在泥的低洼处做适当的垫补,然后在泥上刷白灰浆上缝,并用木剑在砖的里口砖棱处抹上油灰。砖的两肋要用麻沾水刷湿,必要时可用矾水刷棱。刷完灰后把砖重新墁好,然后手执木敲锤,木棍朝下,以木棍在砖上连续戳动前进,将砖戳平戳实,缝要严,棱要跟线。然后用竹片将砖表面多余的油灰铲掉,并以卧线为标准进一步检查砖棱,将多出的部分用磨头磨平。铺设完毕后,需要表面补眼、磨光,即对砖面上残缺或者砂眼的地方,用砖药打点平整,对于还有突出的地方用磨头沾水磨平,然后将地面全部沾水柔磨一遍,并擦拭干净。最后为上油,一般在地面上倒3厘米厚的生桐油,并用灰稞来回推搂,然后将多余的生桐油刮去。

楼面做法:"明代一般在梁上架格栅木板,清代大多不用格栅,而增厚楼板。不少住宅楼面还铺设方砖,具有防火、隔音作用。"婺州民居一般在底层两侧的卧室与楼层地面铺设木地板,铺设方法为先砌地垄墙架格栅,其上铺厚木地板。一般为两层厚木板横竖相向,中间置竹席或油纸两层以上(图5-11)。

图5-11 楼板

第二节
木构架的特点与构造做法

一、木构架的特点

婺州民居木构架主要为穿斗式、抬梁式、穿斗抬梁混合式三类。小型民宅采用穿斗式木构架，大型或较富丽的住宅采用抬梁与穿斗混合式木构架。譬如在明间多用抬梁式构架，山墙部分则使用穿斗式构架，以增强房屋尽端结构的稳定性(图 5-12)。

图 5-12　穿斗式梁架

穿斗式梁架的特点是柱上承檩,檩下的柱子都落地,组成框架结构,直接负担屋面荷重,非常牢固。穿斗式构架柱子比较密,因此用材细小,相比抬梁式建筑中的大型用材可减少房屋造价。

一般认为,抬梁构架是在穿斗构架的基础上演变发展而来的,最初是为扩大活动的空间,宋元时期出现了"减柱造"的形式,增加穿枋的厚度和高度,这也是早期建筑的抬梁多呈扁作梁形式的原因。抬梁式梁架的特点是柱上承梁,梁上承接檩,檩上铺设椽条,屋面的荷重是通过承重梁间接传递到柱子上的。婺州传统建筑中的祠堂、寺庙、厅堂等砌上露明造的建筑,其中间的几榀梁架,如3开间的明间两榀,5开间的明、次间4榀梁架,均采用抬梁结构,这样能使此类厅堂、寺庙建筑的空间更显宽敞。

明清婺州传统民居中抬梁式木构架的承重梁常做成月梁形式。抬梁结构的连接形式又分插柱式和扣金式。扣金式也称压柱式,在明代建筑中见得较多,如何氏宗祠的明代官厅建筑,梁栿(即大梁、小梁)直接扣压在柱头顶端。这种扣金式抬梁结构同《清工部营造则例》的做法相同,在北方建筑中普遍采用。明中晚期直至清代、民国时期建筑普遍用插柱月梁式抬梁结构,即在梁两端各做榫头,插入柱子的卯孔中,梁头出际,梁两端下方各垫一个雀替(俗称梁垫、梁下巴)辅助承托大梁。这种形式既有抬梁结构的优点,又吸收了穿斗式构架所具备的整榀柱子稳定性强的优点。大梁(月梁)明早期多见直梁,如许宏纲府第大门木构架。后代开始将梁断面呈扁方形逐渐演变成椭圆形,而且梁的高、厚度比例也逐渐加大,成为肥胖、弧形、弓背的冬瓜梁形制,包括五架梁、三架梁和双步梁。这种弓背形的曲线,从力学结构上讲,更利于承重,因而也更科学合理(见图5~13~图5~20)。

婺州民居在梁架结构中还普遍采用"三销"(柱中销、羊角销、雨伞销)构件,来连接加固梁、柱、枋(见图5~21,图5~22)。"雨伞

图 5-13　扣金抬梁式

图 5-14　插柱抬梁式

图 5-15　义乌容安堂正厅梁架

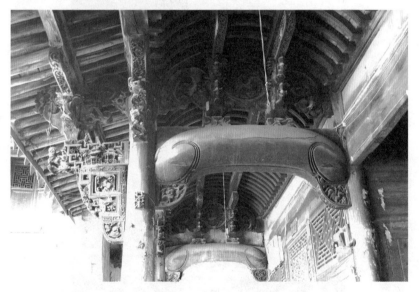

图 5-16　东阳十三间头正屋前廊

图 5-17　义乌容安堂牛腿

图 5-18　鹰嘴

图 5-19　驼峰

图 5-20　雀替

图5-21 琴枋

下穿枋底面

雨伞销位

图 5-22　雨伞销
（引自王仲奋《东方住宅明珠：浙江东阳民居》，天津大学出版社 2008 年出版）

销"又称"水伞销"，是一种榫卯样式，作用类似北方官式建筑中的替木，当柱子两侧有梁枋高度相同，便使用雨伞销以拉接两根梁枋。另外，在墙柱间采用"墙牵"来进行连接。这些构件大大增强了各节点的稳固性和榀架、墙体的整体稳定性，可提高抗台风、抗震的能力，是古代匠师创造性智慧的体现，也是婺州民居在结构上的一大特色。

二、木构架构造做法

一般在营造过程中，先将木构架各部件预先制作好，然后到现场安装，其优点是拆卸方便。中国古建筑圆柱子上下两端的直径不是相等的，婺州民居的柱子以圆柱居多，明早期还可见梭柱，即从柱子中部开始，向上下两端收分，形似梭状。后演变为下不收分,柱头卷杀的圆柱,即根部(柱脚)略粗,顶部(柱头)略细(图5–23)。清中后期圆柱变为柱头平杀。"这种根部粗、顶部细的做法叫作'收溜'或是'收分'。小式建筑收分的大小一般为柱高的1/100,如柱高3米,则收分3厘米。为了加强建筑的整体稳定性,故建筑最外一圈柱子的下脚通常要向外侧移一定尺寸,使外檐柱子的上端略向内侧倾斜,这种做法叫作'侧角',师傅称为'掰升'。由于外檐柱的柱脚中线按原设计尺寸向外侧移出柱高的1/100,并将移出后的位置作为柱子下脚中轴线,而柱头位置仍保持原位不动,

图5–23 柱子

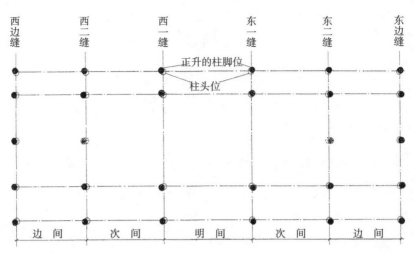

图 5-24 柱子"正升"

（引自王仲奋《东方住宅明珠：浙江东阳民居》，天津大学出版社2008年出版）

这样，在平面上就出现了柱根、柱头两个平面位置的情况。"[1]婺州建筑的柱子大多采用柱子向内倾斜的"正升"，柱子的侧脚尺寸与收分尺寸基本相同，如柱高 3 米，收分 3 厘米，侧脚也为 3 厘米，符合口诀"溜多少，收多少"（图 5-24）。

婺州工匠称举架为挠水，即每步架的檩位举高与步架长度之比，代表屋面坡度。东阳帮工匠对挠水的设置有一口诀"四五六好眠熟（睡觉）"，即由檐步、金步至脊步，各步举高分别按四分、五分、六分安排，则屋面上可以躺着睡觉，不会溜下来，自然瓦也就不会往下滑，照此举折所做的屋面坡度也认为是最适当的。当然因各种类型建筑的差异，普通民宅、厅堂府第和亭阁的举架不完全一致，东阳做法挠水的法则是：五架住宅取四分、五分；七架住宅多取四分、五分、六分；宗祠、厅堂、府第、豪宅等九架建筑常取四分、四分半、五分半、六分半至七分；亭阁类常取五分、六分半、

①马炳坚.中国古建筑木作营造技术.北京：科学出版社，2012：4.

七分半甚至十分。①

三、大木作的制作安装过程

1.画屋样、备料

　　把作师傅根据建筑的规模，画出屋样，制作丈杆，同时进行备料。婺州人营造华堂，称为"行大事业"，关乎百年，必从长计议。因此，必须提前进行备料，有的甚至备料时间长达数年，这样可以让木料自然风干，使加工成形后的木作活不至于走样，并且不会因缩水产生大的裂缝。备料工作一般请木匠把作师和东家亲自把关，对所需的柱脚、梁、桁等大木料进行采购，有的甚至将整座山木买下。木材运回家后，再请工匠把木材外面的皮去掉，浸泡在水中几昼夜后取出，放在通风的房子内码好，等自然风干（图5-25）。

图5-25　准备材料

---

①王仲奋.东方住宅明珠:浙江东阳民居.天津:天津大学出版社,2008.

2.木构件制作

首先,在大木画线前,需先将荒料加工成规格材料,例如枋材宽厚去荒,圆材径寸去荒等。方形构件做法是先将底面刮刨直顺、光平,再加工侧面。圆形构件取直、砍圆、刮光。天然材料往往有各种缺陷,例如木料的结疤、虫眼,工匠会根据木料的具体情况确定大面,将缺陷少、较美观的一面定为构件的大面。通常树木的底部直径较大,木质更密致,工匠将构件中位于木料下部的一端定为大头。其次,按照大样图、样板、施工图纸将毛坯木料加工成所需之构件,包括画线与开榫卯两个步骤。婺州有专用的榫卯画线方法,称为讨照法。"制榫,各种榫头的纵切线和肩面都可用中、细锯锯成,只有双榫和马牙榫的内切面要使用凿子。锯口到肩线位置即可。这样的操作俗称开肩。再用小框锯沿构件横向将榫肩锯出,俗称断肩。"[1]"制卯。卯也称榫孔、榫眼、卯口。加工卯口用凿和斧

图5-26　木料加工

---

①李浈.中国传统建筑形制与工艺.上海:同济大学出版社,2006:153.

配合使用。凿透卯时还有一种快凿法,先在构件一面的榫眼处打三凿,将料翻过来再打三凿,最后用一冲子对准榫孔用力敲击将榫眼冲出,效率很高。"①最后,对大木进行编号,便于安装时对号入座。以建筑中线为界分为左右两个部分,中线以东由近及远依次为东一榀、东二榀、东边榀,中线以西由近及远依次为西一榀、西二榀、西边榀。譬如"东一后大步柱"(图 5-27~图 5-29)。

图 5-27　木构件制作(1)

图 5-28　木构件制作(2)

①李浈.中国传统建筑形制与工艺.上海:同济大学出版社,2006:153.

图 5-29　木构件制作(3)

3.立架

立架是把制作好的大木构件按位置组装的过程,又称大木安装。木匠们在施工现场按编号把各榀梁架组装起来,先把东一榀的各柱在地上排好,然后从下往上依次安装各穿枋,把枋两端与柱子连接榫敲入柱眼,凡是榫头穿过柱眼的地方都需要打上木楔来固定。东一榀组合完成后,将软竿捆绑在梁柱上作为支撑,同时采用麻绳牵拉。柱子之间用木条或棍进行简易固定,这样既加强了整体性使整榀不松散又便于抬上碌墩。然后由匠师统一指挥,用人力将东一榀直接竖立。抬上碌墩,用撑杆支撑加固后,再将梁枋等横向构件在相应柱间地面上排列。再立东二榀,东二榀竖立后,安装两榀之间梁枋等构件,一般从下往上进行安装,并打入起连接牵拉作用的木簪加固。最后立东边榀(山榀),安装梁枋构件。西边各榀同样按照此方法安装。立架之后,用线锤调整柱子的垂直度与水平度,使其与柱顶石中线对齐。整体对所有的梁架进行微调,使其调平。将需要砌筑在墙内的柱子部位进行防腐处理,刷桐油(图 5-30)。

4.安装脊檩

全部构架竖立完毕后,最后安装明间的脊檩(栋梁)。这一步要选择黄道吉日,同时举行上梁仪式,在主梁上挂红彩,放鞭炮,喝彩并唱上梁歌。

5.架桁

按照先下后上、先中间后两边的顺序,从明间开始依次安装檐桁、金桁和脊桁。所有大木构件安完后再校一遍顺直,最后用涨眼料堵住涨眼,使卯榫固定(图5-31)。

图5-30 立架

图5-31 架桁

第三节
屋 顶 做 法

一、屋顶的特点

婺州民居的屋顶形式比较单一,基本都是硬山两坡顶、清水脊的做法,也称"人字顶"。进深特别大的厅堂也有采用前后勾连搭屋顶,两人字坡间的雨水从天沟向两山排出,如卢宅肃雍堂的屋顶做法。有的还采用复水椽屋顶,即在勾连搭上面再加草架柱,做成一假屋顶,把上部梁架封住。如同《园冶》中所说:"前添敞卷,后进余轩,必用重椽,须支草架。"民居中也有采用卷棚顶的做法。披屋一般采用单坡顶,雨水直接从山面排出。少数庙宇建筑施歇山顶、庑殿顶,脊上灰塑佛道神话故事,翼角起翘。亭阁类建筑有采用攒尖顶等做法。

苫背在北方建筑中是不可缺少的一道工序,既要满足防水又满足保温,这是适应北方气候的一种做法。而婺州地区气候温暖,无需在望板或望砖上做厚厚的苫背,因此屋面荷重远远小于北方地区。椽上直接铺瓦或者加铺望板、望砖。檐口瓦主要由花边瓦和滴水瓦组成,设计精巧,形式优美,多用在屋檐与墙檐。花边瓦的作用是防止正身屋面的盖瓦滑落;檐头的第一块板瓦前端另贴一块略呈三角形的瓦头,称滴水瓦,目的是将屋面的下水再向前托出,这样可以保护木构件与墙体(图 5-32,图 5-33)。

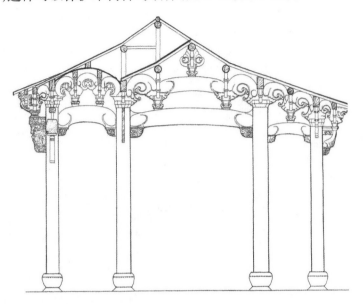

图 5-32　复水橡屋顶

图 5-33　花边瓦、滴水瓦

二、屋面构造做法

婺州民居屋面做法一般为檩上铺椽,在椽上铺设望砖。一般民居檐口不设飞椽,而有些单层砌上露明造的高檐则用飞椽。无论是檐椽还是飞椽,椽料多使用杉木,因杉木相对不怕潮湿。钉椽所使用的固定办法,清中期前一般用燕尾榫和毛竹销,至清中期开始使用铁钉。飞椽上铺望板或望砖,规格一般为 8 寸×6.5 寸×1寸(图 5-34~图 5-37)。然后在望砖上冷摊青布瓦,不用灰泥拈背。青布瓦一般尺寸为长 7~8 寸,大头宽 7 寸,小头宽 6 寸,厚 0.4~0.5寸。瓦的密度要上密下疏,以防止因下部过重而下滑。底瓦大头向上,盖瓦大头向下,一般要求上头压七露三,下头逐渐过渡到压六

图 5-34 钉椽

露四，瓦垄要对齐。檐口铺设滴水和勾头瓦，仰瓦施滴水，覆瓦施勾头，下垫瓦条 2~3 片，以防覆瓦倾头。勾头滴水迎面印有花草、蝙蝠、古钱、寿字或堂号等图案。

除了垫铺望砖的做法外，还有铺望板，或用杉树皮编成网状蓆，垫于青布瓦下的做法，因杉树皮不怕潮湿，不易腐烂，有利于

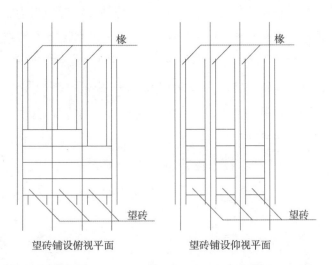

望砖铺设俯视平面　　　　　望砖铺设仰视平面

图 5-35　铺望板

图 5-36　椽上盖瓦

保护椽、桁，而且对椽条的木料规格要求也有所降低。普通民宅往往是直接在椽上盖瓦，椽下不施任何铺垫物。为防止瓦下滑，一般需在椽上每隔一椽挡一垄，两垄仰瓦间盖覆瓦。这种做法对椽料的要求是规格方直，椽距准确，否则屋面不平，容易漏水。

图5-37 椽上铺望砖

三、屋脊构造做法

婺州民居屋脊做法最普通的是立瓦脊，其做法是在阴阳合瓦顶上前后瓦坡交接处做平脊，即在屋面脊上以一扣二方式（一皮眠砖扣压在两皮瓦条上）做成脊背，而后在其上从两山开始，向脊中央立瓦（稍向山斜），最后用瓦叠在中央间隙处，有的在脊坐中用瓦做成一个钱纹样，挤压住两边的立瓦，使其稳当。一般厅堂、民宅或宗祠等民居建筑大多采用这种立瓦脊做法(图5-38)。

婺州也常有栋砖脊,即在屋脊一扣二方式上,用眠砖扣在脊背上。除这两种以外,还有用花脊砖砌的滚瓦花脊、灰塑脊等。花脊一般用在祠堂、府第、厅堂等民居建筑上,花砖花瓦砌成后往往形成通透孔洞,因此能大大降低对风的阻力,增强抗台风的作用,同时也非常美观大方。灰塑脊一般用在寺庙建筑或是戏台建筑上,堆塑的题材多为龙凤和佛道神话故事等。

祠堂、寺庙等建筑的正脊两端有鸱吻,或吻饰鳌鱼,厅堂、府第或豪宅的门头正脊也常作鳌鱼吻饰。据说这种脊吻也不光纯粹为装饰,原先是因为柏梁台遇灾后,方士说"南海有鱼虬,尾似鸱,激浪降雨。"[①]所以做成鸱尾象,以厌火祥(图5-39,图5-40)。

图5-38 立瓦脊

---

①梁思成.清式营造则例:绪论.19.

图 5-39 花脊

图 5-40 鳌鱼吻饰

四、屋面铺设过程

　　首先做椽,用铁钉将椽子固定在上,一般椽子的安装位置在桁条上早已标出。然后两个人一组安檐椽,下面一人扶住椽头,上面一人按下金桁上的定位线钉椽子。钉小连檐、燕颔板。然后,铺望砖。望砖烧制成规定尺寸后经过水磨整形成统一规格,长度为椽间距。清水砖铺设,用白灰膏嵌缝。其次,钉飞椽,方法与钉檐椽基本相同。飞椽均为扁方形,与檐椽要上下对齐。钉在望砖上的飞椽可将椽尾的钉钉入一半,留一半待瓦匠铺好望砖后再钉紧。

　　望砖铺设好后,即可准备铺设瓦材。铺瓦前先排瓦口,钉瓦口木,确定底瓦间距,然后引瓦楞线。再铺小青瓦。凹角梁上铺大板瓦作沟瓦,两坡瓦接于沟底瓦内形成夹沟汇集一道总檐水排向天井。两侧山墙砌完后,用清水砖和瓦构件做正脊。脊部为一种大平瓦,大平瓦上是青瓦压顶。具体工序为撒枕头瓦、摆杆子瓦——底瓦老桩子瓦和放瓦圈——拴线铺灰、盖盖瓦老桩子瓦——砌当沟砖——放脊帽瓦、堵灰——抹当沟灰——打点、赶轧刷浆提色(图5-41)。

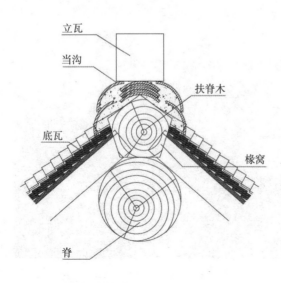

图5-41　屋脊构造做法

立瓦
当沟
扶脊木
底瓦
椽窝
脊

第四节
墙 体 砌 筑

一、墙体的特点

台基以上的瓦石作是墙壁,墙壁在中国建筑中所占的位置并不是最重要的。中国传统建筑主要是由柱梁组成的木结构承重的,墙并不是承重结构,只是起到围护、挡寒及空间隔断等作用,因此经常用"墙倒屋不塌"这句谚语来形容这种情况。而且墙往往与屋柱分离,以利防火和防止屋柱受潮,边缝的山柱有一半露明,另一半包在墙内,在墙内留出透风砖,使木柱能够透风,故俗话说"世上没有不透风的墙"。

婺州民居的墙类型很多,按部位和功能区分,可分为山墙、后檐墙、院墙、隔断墙等。其中,院墙又分照墙、围墙、女儿墙、照壁等。

檐墙是指在檐柱间的墙体,分为前檐墙和后檐墙。在一些厅堂建筑中,前檐墙常用屏门,或用整樘的隔扇门隔断。后檐墙,俗称后壁,即封护檐墙。檐墙与屋顶交接部分称盘檐,盘檐有许多种变化形式,也是泥水工匠最能展示才艺的部分。盘檐常与门头、窗罩等搭配,用砖叠涩成椽头、斗栱、瓦当和挂落等形状,构成多道繁复的线脚,与檐口的勾头、滴水相搭配,变化丰富,姿态优美。一些厅堂、祠堂等豪华的建筑中,常在檐下粉墙上绘以壁画,成为婺州民居中一道别有风情的景致(图 5-42)。

图 5-42　义乌培德堂砖雕窗户

山墙是指建筑物两端的横向外墙,呈山尖形,主要是用以与邻居的住宅隔开和防火。婺州地区的山墙形式独具特色,主要有马头墙(封火墙)、金字头墙、硬山墙、博风墙等。硬山式山墙主要为人字形前后落水,是婺州民居砌得最多的墙。硬山山墙出檐至台基边上,露出在檐柱以外的山墙叫墀头。墀头的裙肩部分有竖立的角柱石,有的就在角柱石上刻上"某某记墙界"字样,作为墙界标志。墀头的做法十分讲究,自下而上依次叫荷叶墩、枭混、盘头、戗檐砖、拔檐、博风等部分,其上皮与瓦平。戗檐砖以方砖立放,使砖面向前微斜向下,砖面并雕各种人物花草,或用墨线绘梅兰竹菊等图案。墀头的做法虽有一定的程式,但工匠们在营造过程中也不完全拘泥于形式,常会有一些变化,如婺州大陈"新厅基"向内敛式的墀头、上溪镇和平村华萼堂的阶梯形墀头(图5-43,图5-44)。

图5-43　马头墙

图 5-44　马头墙细部

　　廊下檐柱与金柱间的称廊墙。在一些大的建筑物中,左右后金柱间有与檐墙平行的扇面墙,在前后金柱间,有与山墙平行的隔断墙。隔断墙分木板隔断(俗称板壁)、木隔扇、砖墙隔断、青石槛墙、泥墙隔断、龙骨墙隔断(编竹夹泥墙)等。有窗的地方,由地面到窗槛下的矮墙叫槛墙。

二、墙体构造做法

1.外墙构造做法

　　婺州传统民居大多就地取材,按材料的不同,外墙主要分为砖墙、泥墙、石墙以及混合墙。外墙的砌筑根据材料的不同和建筑的不同功用,有不同的砌筑方法和做法。

砖墙在婺州传统民居中最为常见,婺州当地基本上都用青砖筑墙。青砖大多手工制作,规格多样。一般明代砖比较大,当地称为"开砖",而厚度只有条砖的一半,非常轻薄(图5-45,图5-46)。婺州民居砖墙的砌法采用陡砌法,即所有的砖(丁砖和顺砖)都是用侧立砌筑,而不是平卧砌筑的。因此看似空斗墙,实际上是实心

图5-45 砖墙

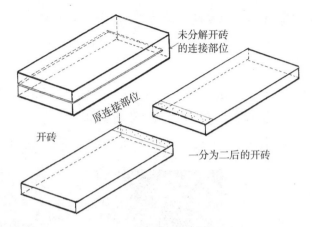

未分解开砖
的连接部位

原连接部位

开砖

一分为二后的开砖

图 5-46　开砖

（引自王仲奋《东方住宅明珠：浙江东阳民居》，天津大学出版社 2008 年出版）

墙。青砖砌墙的方法大致有 3 种：条砖陡砌、开砖陡砌、开砖陡砌立桩实心墙。其中前两种是最常见的砌法，砌墙时自下而上逐渐收分，台基往上高约檐柱 1/3 的部分称为裙肩。裙肩本身上下同厚，上部 2/3 称为上身，外侧有显著的收分，给人以安定感。檐墙上皮与檐枋相接部分，向上斜收做成坡形，称为墙肩。在上身与裙肩之间，还用平卧的条石作押砖板、腰线石，作为两部分的界限。上身外皮常抹白灰，而裙肩部分常用磨砖对缝砌筑，加上中部的青白条石，显得色彩对比鲜明。上身往上直到屋脊同高的三角部分，称为山尖。第三种开砖陡砌立桩实心墙，基本砌法和第二种相同，只是在窗下等空斗部位，在墙体中嵌入木桩作墙筋，以增加墙的牢固度，并具有防卫功能，多为豪门富户所采用。除此以外，一些厅堂、祠堂或府第建筑的门面，常采用细磨砖丝缝砌法，并且会拼斗成各种砖细图案，最常见的是磨砖对缝和磨砖错缝砌法。

　　泥墙又称夯土墙，包括稻草筋夯土墙、三合土版筑墙等。一般选用黏性好的生黄土，有些地方会加入草泥和纸筋石灰膏，既美观，又可以防雨水冲淋，使墙更加坚固耐牢。泥墙的做法有两种，一种用土直接夯筑,另一种则是土石分层夯筑。夯筑泥墙时,经常采用墙模,婺州称为泥墙桶,沿水平方向倒入黄泥夯筑。上下层错缝,一层层互相压住。夯筑时要根据天气季节,掌握每天夯筑的层数,一般每天只能夯筑3~5层。古有口诀:"打五勿打六,打六便要哭。"即每天最多只能打筑5层,打6层便要倒塌。而且最好是打一天休息一天,以便有晾干水分的时间,使之有一定的强度。

石墙在山区常见,一般包括块石垒的虎皮墙、片石筑墙、卵石砌墙等。以毛石砌筑为例,毛石的砌筑有浆砌法和干砌法两种形式。砌筑时要求每砌一块石头要与左右上下有叠靠、与前后有搭接、砌缝要错开。砌筑时叠靠点应居于石块的外半部,而且要选择较大、较整齐的面朝外,每隔一定距离要砌一块拉接石。毛石墙每天砌筑高度不得超过1.2米,以免砂浆没有凝固,石材自重下沉造成墙身鼓肚或坍塌。

2.梁枋隔断墙构造做法

梁枋隔断墙主要包括木板墙、竹木龙骨墙等。木板墙材料多为杉木板,也有松木板和杂木板。竹木龙骨墙多用于楼上的隔断墙,明代建筑也有用于山墙的楼上部分。楼下比楼上潮湿,一般不采用。龙骨墙是指在两柱间竖向或横向各立1~3根龙骨,再用竹片或荆条编成墙篱笆,外面用石灰泥抹平压光。或先用黄胶泥抹平,表面用灰浆(纸筋石灰膏)光面。传统的灰浆主要为糯米汁,灰膏即熟石灰,猕猴桃藤汁后期换为纸浆,做工更细的加鸡蛋清。纸筋、石灰的配比通常是用1:5的比例。

3.马头墙构造做法

马头墙是按照房屋进深尺度大小来分挡砌筑,随屋面坡度层层跌落,以斜坡长度定位若干挡。婺州民居大多为三挡和五挡。首先要根据建筑物的形制来确定墙体的砌法,若是空斗墙,则要从屋面处改砌为实墙,外部砌平,内部向内收。然后砌三线拔檐,砌筑拔檐的目的是将墙面雨水伸出墙外，保护墙体不被雨水冲刷。每层拔檐向外出挑1寸左右，有清水、浑水做法（浑水即做好之后刷灰浆）。砌好三层拔檐之后，两面开始坐盖瓦。"在坐盖好两坡的瓦相交中间，用三瓦条包筒盖脊，上铺一路大平瓦，堵塞当沟，扎实瓦垄，而后安装博风板，博风板上加盖披水，接盖好上部的瓦后，进行马头墙不同式样构件安装。"最后用小青瓦砌脊。

三、墙体砌筑过程

　　婺州地区建筑墙体主要为维护结构，并不承重。屋面以下墙体砌筑方式以"开砖"陡砌为例，具体做法如下：首先砖浸水湿润。然后四角挂线定位，即在四个大角砌三皮角砖，在角砖上缩进半寸画一点记号，再在角柱顶放一垂线使锤尖对准所画之点，然后再将垂线带紧在砖角处，这样使角线由底到顶（指两层楼高）墙角随柱侧脚收分，以角线作为砌角的标准，使墙体有稳定感。接着摆砖组砌，由砖匠师傅定四个墙角，两个墙脚之间，砌三层（俗称"三皮"），沿着墙外皮拉一直线，以控制墙体平整度和垂直度。两个垛头为一个工作面，各个垛头间循环砌筑。外墙砌砖，多为空斗，砖很薄，中填以碎石泥土或土墼。砌筑时为使墙体与木构作依附牵固，采用撑柱、撑枋、带木牵（竖牵、扁牵）、带铁牵（铁扒锔）方法（图5-47）。撑柱、撑枋即砌到柱枋处用丁头砖将柱枋分段

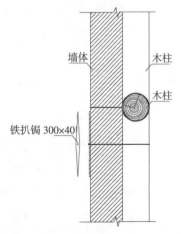

图5-47　铁扒锔构造做法

图 5-48 丁头砖

图 5-49 撑柱、撑枋做法

撑住,使墙身向内靠住木架(图 5-48,图 5-49)。

屋面以上砌马头墙,马头墙根据房屋的进深尺度来定挡。首先砌三线拔檐,砌好三层拔檐之后,两面开始坐盖瓦,在两盖瓦的中间包筒盖脊。其次是铺大平瓦,安装博风板,加盖披水,再安装马头墙雕饰构件。

安装砖雕门楼:将受力构件在砌墙体时预埋(一般为铁件,起牵拉作用),墙体砌筑完成后抹白灰前,从下向上安装水磨砖、砖雕雀替、额枋、字匾、浮驮、榫卯、砖细五路檐、砖作门楼椽、饿脊头、束腰鳌鱼、青瓦屋面(花边、勾头、滴水)等构件(图 5-50~图 5-52)。

图 5-50　砖雕门楼

图 5-51　砖雕门楼斗拱

图 5-52　砖雕门楼束腰鳌鱼

　　抹灰采用抹光面,即用铁抹子反复压光。在抹灰前特别要求砖墙浇水润透,并在白灰内加纸筋(用草纸打成浆),不然会使面灰开裂。

第五节
装修与装饰

婺州民居的装修、装饰主要包括大木作装饰、小木作装修、砖雕、石雕、泥塑、彩绘、屋顶装饰等,大都设计精美,并与当地文化、民俗相结合,成为最能体现婺州民居审美特色的部分。婺州民居的装修重点在厅堂梁架、门面、门窗隔扇以及外檐廊等部位。

一、小木装修

婺州传统民居中小木装修包括门窗类、室内隔截类、承尘类、室外隔障类、杂类等。装饰装修重点主要集中在天井周围的木构件上,包括隔扇门窗、楣罩、斜撑、栏杆以及挂落等。比如嘉荫堂正厅内宅堂楼隔扇上刻有《红楼梦》十二金钗十二幅。这些雕刻无不情景交融,栩栩如生。它们除了反映主人不惜工本极尽奢华以外,也反映了主人的情趣和爱好,给住家及宾客留下许多可以仔细观赏、揣摩的话题(图 5-53~图 5-56)。

小木装修与装饰有着严格的施工方法与安装工序,以保证建筑施工质量和施工进度。主要有如下诸项内容:

安装屏门:安装大门应首先装好门扇,调验分缝。然后倒出门轴安装上下套筒,钉牢踩钉,并钉好门钉、兽面、包叶等饰件,最后

图 5-53　隔扇门

图 5-54　隔扇窗

图 5-55　挂落

图 5-56　东阳懋德堂正厅轩顶

装护口、稳海窝,将门扇安装就位。

安装隔扇与格窗:安装隔扇、槛窗应先将上下左右分缝调验合适,然后装套筒,钉踩钉及面叶饰件,再装护口、海窝,安装就位。

安装栏杆:前檐柱和八角柱之间安装栏板(裙板),裙板宽度一致,每块约8寸竖直拼装,拼缝压以半圆形木条。

挂落门罩:同格窗。挂落门罩以上构件制作完成后以插栓或榫卯固定。

木楼梯制作与安装:明代时期楼梯位置在两廊后,到清代移至太师壁后。先按样板制作楼梯斜梁,锯凿楼梯板台口及卯眼,刮刨锯截楼梯板,做出榫、槽。斜梁上口与楼梯平梁用银锭挂榫联结,并用铁活加固。一般第一二两阶做石台阶,下口埋于地下6~10厘米并与栏杆望柱榫接。按分步台口安装踏板及踢脚板,上面立装寻杖栏杆。

二、油饰与彩画

婺州传统民居具有"雕梁而不画栋,重雕而不重油饰"的装饰特点。因此,婺州民居一般仅在外檐廊等易受风吹日晒或斜风雨打湿的部位刷一下保护性的熟桐油或本色的清漆,室内尤其是木雕构件很少刷油漆。因木材在自然风干过程中都会产生收缩缝,所以油饰前一般须经勾抿灰缝刮腻子处理。大的缝可先用竹片或硬木片嵌缝,使其表面大体平整,小缝直接用桐油灰勾抿。油漆前需用刀将裂缝和疤节刮平、剔净,去除表面的灰尘,用砂皮打磨抛光。然后髹漆、打磨交替进行,一般需油漆2~3道工序。

婺州彩画并不普遍,一方面是因为受宫廷规制的限制:"凡庶民不得施重栱藻井及五色文采为饰。"另一个重要因素也是因为婺州地区湿度大,彩绘易受潮后剥蚀,不适宜作油饰彩画。婺州彩画的做法与北方彩画做法大不相同,一般不做地仗,而是直接绘于木材上,也不需要刷漆。或者,采用先画在宣纸上后装裱到天花板上的工艺。

婺州彩画主要绘在大型建筑如祠堂的梁枋、檩柱上,还有个别大型祠堂建筑在木构架梁枋上画包袱锦彩画(图5-57~图5-60)。梁枋上的包袱图案,构图优美,用笔简洁,敷色淡雅,调子和谐。它既不像明清官式彩画之厚重富丽,也不像北方苏式彩画的伧俗,人居于内,感到恬静安适,实用与美观结合得恰好处。①如上溪镇云门村建于清康熙年间的陈大宗祠梁架青绿彩画。彩画以暖色调土红色为基调,绘以青、绿、紫、黑、白等诸色,色彩绚丽,内容多取材表现大富大贵和福禄寿喜等传统寓意的莲花、牡丹、凤凰、孔雀、喜鹊等花鸟、动物图案,为研究清早期彩画提供了实例,具有

图5-57 永康厚吴吴仪庭公祠彩绘

---

①陈薇.江南包袱彩画考.建筑理论与创作.南京:东南大学出版社,1988.

图 5-58　永康厚吴吴氏宗祠彩绘细部

图 5-59　永康厚吴吴氏宗祠檩下皮浮雕

较高的艺术研究价值。有的普通民居楼板天花上也绘有彩画，称平棊藻井。如后宅街道陈宅村的明万历年间建筑萃和堂，其正厅梁架的所有梁枋、劄牵、斗栱，均饰有解绿装烟琢墨旋子彩画，是为孤例。用土黄通刷，彩画箍头和找头的各个单位，轮廓用墨线勾

图 5-60　义乌协和堂门楼墨绘

画,内部用青绿两色叠晕。青绿两色之间,间以少量的红色和白色做点缀。装饰所用的花纹有鱼鳞纹、豹脚纹、松木纹、云纹、蕙草纹、如意纹等,枋心空出无花纹。

　　墨绘也是极具婺州地方特色的装修形式。婺州民居的外墙一般是粉白色的,而瓦顶呈灰黑色。工匠们在檐下三线叠涩部位、门头、窗罩、门斗墙、影壁以及马头墙等部位勾画一些线脚或别致的缠枝花草、勾连云纹等图案,也有采用水墨画形式的,使之在大块的墙面之间,有一个黑白间的过渡,因而显得和谐而优雅,具有很好的修饰功能。如上溪南平村石塔堂、里苍黄村福基堂门斗墙上均饰以精美的壁画。

第六章

婺州传统建筑雕刻技艺

婺州传统建筑的雕刻技艺主要包括木雕、砖雕、石雕，其中又以东阳木雕最为著名。走进婺州古村落，无论是民居、祠堂或牌坊，随处可见雕饰精美的图案。木雕梁枋、砖雕门楼、石雕漏窗与建筑巧妙地融合在一起，形成了独具特色的婺州建筑文化。

第一节
木 雕 技 艺

婺州古建筑的装饰以东阳木雕为主，"东阳木雕居全国四大木雕之首，在唐代就已经用于建筑"。它始于唐代，在宋代得到进一步发展，至明清两代形成一套完整的艺术风格和装饰手法。清朝乾隆年间，400余名东阳木雕艺人应召进紫禁城，雕制龙椅、龙床、宫灯及摆设件，这让东阳木雕名声大振。东阳木雕在选材、工法、题材等方面都已发展成熟，并已形成一套完整的工艺体系。我国著名古建筑专家杜仙洲先生曾用这样精辟的语言来概述盛行于浙中一带的东阳帮建筑："粉墙黛瓦马头墙，石库台门四合房，碧纱隔扇船篷顶，镂空牛腿浮雕廊，阴刻雀替龙须梁，风景人物雕满堂"，生动地反映了东阳木雕艺术在建筑中的广泛应用。

东阳木雕属于装饰性雕刻，以平面浮雕为主，兼有透、锯、满地、镶嵌、圆木浮雕等类型，层次丰富而又不失平面装饰的基本特点。东阳木雕在表面处理上，因雕后基本不施油漆或深色漆，保留原木天然的纹理、清雅的色泽和精致的刀工技法，故又称"清水白木雕"。明清时期，东阳木雕工艺在婺州古建筑中得到了大量应用，无论是牛腿、雀替、梁枋，还是斗拱、门窗都大量使用木雕工艺，无怪乎人们说"婺州古建筑不是单纯的建筑，而是一件大型的艺术品，其精细程度可比北京故宫"。

一、木雕的主要特点

婺州木雕艺术应用范围极其广泛，它涉及建筑装饰和日常生活用具等各个方面，基本可分为建筑装饰、家具装饰两大类。在建筑装饰方面，木雕主要装饰于梁枋、平盘斗、雀替、楼层栏杆、飞来椅、牛腿、隔扇门窗、门罩等处（图6-1~图6-3）。用料通常选用松

图6-1　义乌八面厅牛腿雕刻

图 6-2 义乌八面厅槛窗隔心

图 6-3 义乌八面厅天花装饰

木、柿木、白杨木、银杏木。以黄山八面厅为例,其主体建筑采用"满堂雕"的形式,给人以满目生花的感觉,其梁、檩、枋、牛腿、琴枋、斗栱、雀替、隔扇门、窗及边廊的天花、花槅子罩上均布满了雕刻。三架梁、五架梁和月梁两端采用线刻手法,雕鱼鳃纹。单步挑尖梁(劄牵)混合采用线刻及立体透雕工艺,雕刻成蜷曲的"虾"形和倒挂龙形,民间称倒挂龙或虾公梁,极富装饰性,是婺州民居木构件把结构性与艺术装饰性进行完美结合的杰作。门厅、大厅的金檩、檐檩、挑檐檩(檩下挂枋)下面、侧面及大厅后檐廊大额枋正面采用减地浅浮雕或深浮雕手法雕刻。雕刻内容上,有夔龙纹、方胜如意、蝙蝠如意纹等吉祥图案;有狮子戏球、百鸟闹春、鲤鱼、鳜鱼等动物图案;还有仙桃、佛手、石榴、枇杷、绣球花等瓜果花卉的图案。尤其是门厅和大厅檐檩下雕刻,采用减地深浮雕手法,每根檩上雕有大小10只狮子,球滚狮舞,你扑我抢,形态各异,活灵活现。家具装饰主要为花床、衣橱、书橱等家具上的装饰,在婺州极为常见。

木雕工艺的内容涵盖了历史故事、神话传说、山水楼阁以及动植物的祥瑞图案等。从总体来看,其建筑装饰的风格是相对高雅的,由于受到儒学的影响,婺州木雕图案从花鸟虫草到人物风景无不表现出高度的文化气息。如黄山八面厅正厅明间五架梁下雀替,以北宋诗人汪洙的《神童诗》中描写的四季为题材,分别雕刻"春游芳草地""夏赏绿荷池""秋饮黄花酒""冬吟白雪诗"(缺)四幅图画,构思巧妙,回味无穷。同时木雕的题材和内容又带有世俗审美趣味的特点,充分表达了婺州人对美好生活和理想家园的追求、祈福等。如松树与仙鹤组成"松鹤延年"之意,桃和蝙蝠组合在一起为"多福多寿",两幅团形梅花双喜(鹊)图,寓双喜临门、喜上眉梢等吉祥之意等图案。

在雕刻手法上,婺州木雕主要有浮雕、浅浮雕、透雕与圆雕(主要用于梁枋、斗栱与雀替等构件上)、半雕、满地雕、阴雕。建筑

图6-4 永康厚吴某宅槛窗木雕

木雕中难度最大、水准最多的构件即为牛腿，婺州民居牛腿多出自东阳帮之手，多采用圆雕或镂空雕的方式，主要以狮子、人物、植物等为雕刻内容，内容丰富，寓意深远。如黄山八面厅前院南北边廊的4只牛腿，雕了4个神态各异的神童刘海形象，刘海足登荷叶，手提蒲鞋，腰间挂一串铜钱，或与金蟾嬉戏，或与螃蟹逗耍，神态活灵活现，异趣横生，象征一本万利、夫妇和谐。南边廊天花藻井、挂落罩等极尽雕工之精细。门厅、大厅外檐斗栱交耍头，耍头采用半圆雕工艺，雕荷叶莲花、青蛙表示清廉门风；荷叶上雕几只螃蟹代表和谐（图6-4，图6-5）。

雕刻的风格随时代的变化略有不同。明代民居较重视功能，崇尚简单装饰，手法粗放刚劲，清新明快，体现了当时人们求实归真的品格追求。装饰图案较简单，以几何图形为主，多以水波纹、鱼水纹、花草虫鸟为主要题材。清时民居雕刻比较重视装饰，呈现缜密繁琐、工细精巧的特点。

图6-　义乌尚阳村某宅牛腿

二、木雕的工具和工序

　　木雕工具主要有用于分割大块木材的钢丝锯、小斧头、硬木槌、雕刀、魔石、砂布;凿为木雕中的重要工具,分为平凿、圆凿、翘头凿、蝴蝶凿、三角凿五种,但是各种凿在型号与规格上又有很多种,因此工匠所用的凿子一般有 40~50 支。以斜凿为例,刃口呈 45°左右的斜角,用在作品的关节角落、镂空夹缝处,还有叶茎、眼睛、嘴角、头发、衣服、花卉等细雕部位做剔角修光(图 6-6)。

　　东阳木雕选材很有讲究,按东阳木雕精雕细刻的特点和显露木材自然纹理的需要,要求选用木质坚硬、质地细腻、纹理浅雅、木色纯净、不易变形的木材。古代东阳建筑木雕中选用最多的是樟木和椴木,而在陈设家具木雕方面,多选用花梨木、紫檀等名贵红木。

　　木雕工序复杂而精细,从设计、取料开始,大致经历剔地、粗坯雕、细坯雕、修光、刻线、装配、油饰、检验等工序,才算完成。主

图 6-6　木雕工具

图 6-7　木雕技艺(1)

图 6-8　木雕技艺(2)

要做法如下：首先是取料，需要配合大木师傅与建筑整体构造要求，来确定雕刻的尺寸与规格、形式和内容；第二步是放样，将图案绘制在木材上；第三步打粗坯，凿打出图案的大致轮廓并分出层次；第四步就要打细坯，进行深入的雕刻，完善图案整体形象；第五步是修光，在打坯的基础上，作进一步的细微加工，进行全面修整并打光；最后揩油上漆，讲究的还要涂色描金，而婺州地区一般对木构件仅刷一层桐油以防腐（图 6-7，图 6-8）。

第二节
砖 雕 技 艺

　　砖雕是婺州古建筑装饰艺术的又一特色。砖雕最早出现在金华城内的密印寺塔,在南宋的郑刚中墓和元代延福寺大殿内的须弥座上均有发现。明中后期婺州经济发展,婺州人力、物力、财力大增,具备了建造高质量建筑的条件,但由于明朝礼制限制严格,民间无法建造大体量高等级的建筑,只能将财力用于建筑雕刻中。因此,明清时期婺州古建筑上出现了大量的砖雕(图6-9)。

　　婺州雕凿所用之砖,砖泥均匀,空隙较少,多取自距河道较远或由山河冲击到平坦开阔地方的细匀泥沙,即古人所说"缓土急沙"与"远土近沙"的规律。取到优质材料后,经过选、切、碎、筛、压、阴、烧等一系列工序烧制成型。传统的砖主要

图6-9　东阳卢宅砖雕窗户

图6-10　永康厚吴丽山公祠砖雕

有方砖、金砖等。优质的砖材,使得砖雕有较好的耐久性,因此适合用作外墙装饰雕刻材料。砖雕多用于装饰门楼与门罩、漏窗、照壁等。由于这些砖雕雕刻精细,内容丰富,使得婺州民居原本略显单调的外墙产生了生动、立体的效果(图6-10~图6-12)。

在砖雕表现形式及风格上,明清也有不同,明时风格趋于粗犷,雕饰朴素,形象稚拙,图像的对称性较强,题材多为植物花卉、龙凤图样,一般是浮雕或浅圆雕。至清时,雕刻渐趋工巧繁缛,并将人物故事作为雕刻题材,构图灵活,雕刻层次增加,较繁杂琐碎。

婺州传统砖雕手法主要有平雕、浮雕(包括浅浮雕与深浮雕)、透雕、榫卯挂镶等。砖雕工具较砖匠工具更加精细,除了砖匠常用的采石、分割的工具,砖雕匠人也有自己一套特有的工具,如木炭棒、砖刨、弓锯、硬木槌、砂布、磨石、牵钻、棕刷。另外还有凿,凿子是砖雕最主要的工具,主要分为斜凿、平凿、圆凿、三角凿四种,不同的雕刻部位有特定的雕凿工具,因此不同规格的凿有上百支,越是技艺高的砖雕匠人,工具也就越多越精细。

义乌冯氏宗祠砖雕

图6-12 义乌义性堂砖雕

砖雕工序也很讲究：首先是选砖，要求砖的规格、颜色都要一致，没有大的缺角，敲击时如声音清脆即是质量较好的砖，如敲击有"噗噗"的声音，则质量较差，雕刻时易碎易破，严重影响雕刻质量；第二步是修砖（也称磨砖），即把砖面磨平，四边做周正；第三步即放样，将画稿在砖坯上描绘出来；第四步打粗坯，分出雕刻图案层次，初步确定主体轮廓；第五步为出细，也是最能显现砖雕匠人高超技艺的部分，在粗坯基础上进行细部雕凿；最后进行修补与清理，主要就是填补砂眼、粘接残缺，最后清理干净（图6-13，图6-14）。

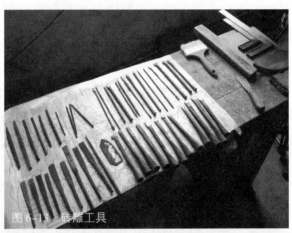

图6-13　砖雕工具

图6-14　砖雕技艺

第三节
石 雕 技 艺

石雕是在石构件上雕刻出花纹图案,因其质地坚硬,防雨防潮,主要运用于建筑外部空间及建筑承重部分。石雕在建筑中的装饰部位主要有抱鼓石、石漏窗、柱础,以及石狮、石碑、石坊等。另外,在门罩处还常与砖雕结合并用,增加了层次感。由于受材料和建筑技术的限制,婺州石雕题材的选择比砖雕和木雕窄,但雕刻的整体布局合理,题材以莲瓣卷草、花鸟虫鱼、云水日月为主,人物较少见(图6-15)。

婺州传统石雕手法有线雕、浮雕、平雕、圆雕、透雕,刀法技术精湛,风格古朴大方。石雕力求凝重沉稳,多追求体量感。为避免石质材料的过分沉闷,石制柱础多加以雕饰。明时柱

图6-15 抱鼓石

础多以覆盆、伏莲等形态为主。清时柱础的形态更为丰富多样,有鼓形、方形、八角六角形等。抱鼓石主要位于大宅入口两侧,形体较高,独立石材制成。石鼓表面一般不作雕饰,多在须弥座等处以花卉纹样为题材,运用二方连续或四方连续等构图形式,以浮雕或浅圆雕表现方式进行雕饰。石雕漏窗,有方形、圆形和叶形形状,雕饰内容除几何形状外,也以山、石、植物等为题材,构图疏密匀称,灵活多变,雕饰手法追求古拙凝重。石雕漏窗的设置,有利于屋内的通风与采光,在美化建筑立面的同时,也使得内外景色相互融合、引室外风光入室,构成良好的庭院景致。

石雕主要用到的工具有錾子、楔、扁錾、刻刀、锤、斧、剁斧、哈子、剁子、磨头等。石雕工序:首先对石料进行加工,出坯;第二步为起谱,将雕刻图案描画在石坯上,并在雕刻过程中边画边雕刻;第三步即打荒,凿打出图案轮廓;第四步掏挖空当;最后打细并修正干净(图 6-16~图 6-18)。

图 6-16 义乌世德堂石雕柱础

图 6-17 东阳懋德堂砖石雕刻

图 6-18 石雕工具

第七章

婺州建筑文化与民俗

第一节
婺州建筑营造中的风水习俗

　　风水作为中国传统的民俗文化之一,有着深刻的文化内涵和悠久的历史渊源。婺州建筑营造过程中风水也起着十分重要的作用。一方面,风水师在营造过程中起着重要的作用,如根据地形地貌来进行风水选址,设定房屋的朝向等;选择备料、开工动土、上梁等诸多仪式的吉日等。另一方面,风水的观念也渗透到婺州工匠的观念、思维、操作各个层面的活动。

　　1.营造用尺:压白尺与门光尺

　　婺州民居的营造用尺主要有弓步尺、鲁般尺、门尺、丈竿、六尺杆、板尺六种,由于风水的观念广泛传播,风水的占凶观念也渗透到营造尺度中。

　　压白尺法是一种流传于民间的迷信的确定建筑尺度的推算方法,它将木工尺度与九星图中星宫相对应,即"一白、二黑、三碧、四绿、五黄、六白、七赤、八白、九紫",其中三白星(一白、六白、八白)为吉星,所以尺度合白更吉。九星中九紫星为小吉,也可以用,所以形成"三白一紫"吉利尺度,后来十白也确定为吉利尺度,于是凡是这些尺寸皆为吉。压白尺法分为"尺白"和"寸白"。尺白是决定尺单位的方法,寸白是决定寸单位的方法,均为建筑木工匠师决定房屋整体空间尺度,如高度、面宽、进深等具体尺度的方法。通过对婺州同样户型的民宅或同一民宅中不同时期建造部分的实测结果来看,在房屋高度、柱高、门高和间宽、进深等尺寸上,都存在着差别,但是尺度皆合压白尺法。

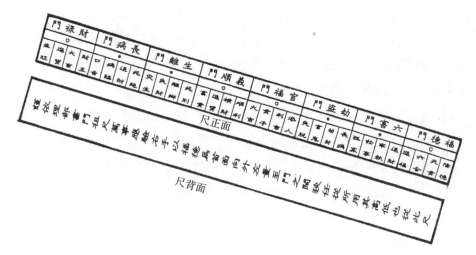

图 7–1 门光尺
(引自王仲奋《东方住宅明珠:浙江东阳民居》,天津大学出版社 2008 年出版)

门光尺(图 7–1)也是与堪舆术有关的建筑尺度,古人认为按此尺丈量确定门户,可以光宗耀祖,故名。它是工匠用于量度门户尺度的一种用尺。门光尺将一尺均分成八寸,即"财、病、离、义、官、劫、害、吉"八个间隔,在度量门尺寸时,以落在"财、义、官、吉"四字间为吉,其比例换算关系:1 门光尺=42.76 厘米,就是如果用公尺去度量婺州古民居的门的尺寸,总会产生小数的原因。此外,按门的尺度要求,门板的高度不能超过厅堂,宽度也不能超出两边的墙壁。

实际上,婺州建筑的平面柱网、高度、面宽和进深等控制尺寸以及门窗、格栅、楼梯等细部尺寸,都依据建筑的使用功能、地形条件、材料选择以及建筑构架比例、结构性能、举架技术等因素综合考虑,经过长期经验积累,婺州工匠使建筑设计的构架空间尺度、力学比例、美学观念等与压白尺和门光尺在某种程度上吻合起来,使其具备巧算简便,形成特定的建筑模数,同时也赋予了建筑空间、构成、装折等种种社会学含义。

2.择址定向

民居是村落形态最主要的构成因素,民居的朝向、形式、布局及相互关系几乎都受到风水观念的控制和影响。《金氏地学粹编·归厚录阳基章》中记载:"阴宅穴在地中,止穴内一气,阳宅穴在地上,不专以地气为用,兼取门气,盖清虚之上,气本横行。门户一启,气即从门而入,其力与地气相致。须得门、地两旺,然后可以招诸福。门地之外又看道路,道路局势朝归者,作来气断。横截者作止气断,朝路比来龙,横路比界水,所谓三街,桥梁同断。"所以,婺州民居在建筑内外环境关系上,有缜密细腻的考虑,既兼及宅居私密性、识别性,也以"忌背众""阳宅外形",诸如村落选址、座向、门户、墙垣、屋角等细致讲究,有效调节了居住聚落建筑环境空间的和谐性。

"屋式要四周端正整齐,不可尖偏斜……"这是风水对住宅外形和布局的要求。婺州传统住宅绝大多数都呈规则方正的合院布局,特殊形式的宅基很少见到。住宅的堂前原先一般设祖先牌位,因此都不开窗,这亦迎合了风水中"香火要居中,香火堂前不可开天窗"之说。一般而言,古代强调屋宇以方正平衡,一眼看到令人觉得舒适愉快为佳,屋形端正肃穆、气象豪迈、整齐为吉利住宅。一栋好房子一定是上下左右都很均衡,太高、太宽阔或过于低矮、卑小,都不是好房子。过于低矮、卑小,不但看起来不雅观,而且住起来也不舒适,住在其间,身心都会受到不良影响,当然不会是理想好住宅。

另外,在大的周围环境格局上还要求门前是均衡和宁静的,但是不能孤独一房,表明了人们追求左右环护的心理安全感。住宅与道路不相冲的风水观点,减少了丁字路口。在民居住宅山墙的轮廓上,主要为五行几何形,其中火、土等形状为凶,其实原本这些形状转折突兀,不具形式美感。在住宅的形状上,则忌讳歪、斜之相。

同时,在民居中,"气"的流通是最重要的,强调有宅内的地气及由门而入的门气。门由于被视作"气口"而引起重视。风水家讲究阴阳协调,门气与地气的协调,并非简单地将门关闭就了事,这就影响到门的位置、形态、尺度,婺州建筑常见的门前加影壁,即出此因。

3.选择吉日

在营造婺州传统民居的过程中,一般由风水师选择备料、开工动土、上梁等诸多仪式的吉日,确定建筑的方位这源于风水中"日法",讲究时辰的吉凶占卜与禁忌。以上梁仪式为例,上梁仪式的时间,也要请风水先生择定吉日良辰,通常根据建造房屋的年份、屋主及家人的生辰八字来选择吉日,如果当年没有合适的日子,或者当年朝向不利,可以延后几个月,甚至可以选在第二年或者第三年,在这种情况下可以先铺椽望、盖瓦,唯留脊檩不就位,而是用篾片木条临时遮蔽,然后一家人先搬进来住下,但是房子不算完工,等吉日拔掉临时遮蔽物,上梁并且铺好瓦,再举行上梁仪式。

上梁的时间要避开"三杀(煞)"。所谓神杀者,只是天地日月与诸星在自然运行中,由于各时各星所居方位不同,对大地产生的影响也就不同。若有利大地者,人们冠以"神",不利则名为

图7-2 选定吉日

"杀"。三杀,只不过是当年地支(太岁)对冲之方,若犯其方,其方则会冲犯太岁,故为凶。《宗镜》中所谓制化三杀之法是就五行生克制化之理来说的。如三杀在南方巳、午、未,属火,用申、子、辰月日时,属水局,以克火杀,庚子时(正值半夜)竖柱,以木克土,大吉。

4.符镇法

在婺州村落中,由于受到地形和经济条件的制约,建筑、院落的形制无法改变,则只好采用一些降福除灾的装饰物和悬挂小镜子的方法解决风水问题。符镇是风水中避凶的主要方法之一,"若宅兆即凶,又岁月难待,惟符镇一法可保平安"(《阳宅十书》,论符镇)。

从功能上分,符镇为两种,一种为方位符镇,如婺州建筑中常见的符镇有门神、泰山石敢当、太极图等。风水中有"凡道路冲宅,用大石一块,书'泰山石敢当',吉"(《阳宅十书》,论宅外形)之说,因此房主在门侧置一"泰山石敢当"石镇之,这在婺州地区很常

图7-3 太极八卦图

见。如果大门正向不吉,或冲路、冲屋角,或面对之山谷"煞气"重,都会设照壁遮挡拦截,有的其上还镶雕有"八卦图"案或"福"字等纹样,这也是一种符镇(图7-3)。另外一种为时间符镇,在动土修建时,如果遇到凶日,可以采用文字图案符镇,以达到逢凶化吉的目的。

第二节
仪 式 习 俗

婺州传统民居的营造过程包含有各种仪式习俗，如对屋神的祭拜、奠基仪式、祭祀鲁班仙师、红布包裹栋梁、抛馒头等，它们是婺州建筑文化中非常重要的方面。

一、奠基仪式

婺州建筑在开工动土前，需要进行"请屋基"礼，举行奠基仪式。首先由匠师在现场设立香案举行仪式，备列五色钱、香花、行灯、红烛、三牲、果酒，设请三界地主和鲁班仙师。东家点燃三炷香，口中宣读祷文："伏以①日吉时良，天地开张，金炉之上，三炷明

---

①伏，指俯伏下拜；以，指下面有事陈情。所以，"伏以"的意思就是作为下级对上级的一种报告方式，要伏下身子。这里指婺州民俗请神起始的方式，每有祈愿，则以此起头，意为散奉神灵，告禀其事并祈求佑护赐福尔。不过，木匠师傅却另有说法。 木匠师傅呼赞时的"伏以"，和木匠祖师鲁班有关。 传说，鲁班有一个名叫伏以的徒弟聪明能干。有一次，师徒二人在一户人家做木工，伏以做完了师傅交代的任务，而鲁班出去办事还没有回来。伏以就主动去下材料，把整栋房子的木料裁好了鲁班才回来，鲁班看到后气不打一处来，为了教训这个"自作主张"的徒弟，鲁班随手捡起一根木头去打伏以，伏以来不及躲避，被鲁班"失手"打死了。鲁班用伏以下好的材料继续为东家做工，整个房子的木件都做好了，伏以下的木料也正好用完了。可是，该房子完工后，房东总觉得住得不安宁。鲁班自知理亏，觉得对不起房东，也对不起死去的伏以。他便点起香烛，向伏以检讨过错，并表示，以后做每栋房子都会请伏以。说来奇怪，从那天晚上起，那房东家里果然平安吉静。于是，鲁班每次做房子都要通过呼赞的形式请伏以。

香……"①主要告知需要动土建房，祈求神明保佑。然后在墙基四隅各点红烛一对，分别念咒："东面开基东面兴，太阳菩萨日日升；南面开基南面兴，南斗六星来报恩；西面开基西面兴，西天佛祖来照应；北面开基北面兴，太平天子坐龙凳。"

吉时到时，由泥水师傅举槌，同时念咒语："天开地辟，日吉时良，皇帝子孙，起造高堂。凶煞退位，恶煞潜藏，此间建立，永远吉昌。伏愿荣迁之后，龙归宝穴，凤栖吾巢。茂荫儿孙，增崇产业。一声槌响透天门，万圣千贤左右分。天煞打归天上去，地煞潜归地里藏。大厦千间生富贵，全家百行益儿孙。金槌敲处诸神护，恶煞凶神急速奔。酒过三巡，不敢久留圣驾，钱财奉送。来时当献下车酒，去后当酬上马杯。请诸圣各归宫阙。"②接着烧黄纸祝文及纸银锭元宝。

最后，东家在宅基四周淋鸡血，同时燃放爆竹烟花。淋鸡血时候，需将鸡血米洒于石灰线外，避免凶煞进来，并留出台门位置。

仪式完毕，泥工方能动土，东家给泥水师傅动土红包，宣布营造正式开工，开挖墙脚。

二、上梁仪式及相关文化习俗

1.上梁仪式

上梁指安装正屋明间栋柱上的脊檩，民间称栋桁（栋梁）。婺州民居建筑栋梁不起负荷作用，但却是"屋神"的象征。因此民间都把栋梁作为此屋荣昌的主宰，所以对建房上梁极为重视，一般都要举行隆重的上梁仪式（图7-4），这与婺州泛神论的民间信仰

---

①、②王仲奋.东方住宅明珠:浙江东阳民居.天津:天津大学出版社,2008.

图 7-4　上梁仪式

（引自王仲奋《东方住宅明珠：浙江东阳民居》，天津大学出版社 2008 年出版）

有关，有研究认为上梁仪式起源于驱摊巫术仪式。[1]上梁架桁仪式是整个营造过程中最为隆重、最热闹、参与范围最广泛的。有的富豪人家还要宴请亲戚朋友，请他们来吃"架梁（桁）酒"。上梁架桁仪式参与者不仅有工匠、东家、亲戚、朋友、村民、乡邻，甚至过路客也可参与，这些人中有的不被邀请参加宴会，但"抢馒头"都可以参加。

仪式前，在立好架的梁柱上张贴楹联，东家联句为"上梁巧遇黄道日，立柱欣逢紫微星"，横批为"紫微拱照"。通常"照"字下面为三点，谓之"忌火"。

架梁时要请五方宅神庇护。婺州各地举行的上梁架桁仪式大致相同，一般都是在中堂摆香案，设三牲果品，拜请玉皇大帝、鲁

---

① 李世武.中国工匠建房巫术源流考论.

班仙师。左右置两个大托盘,盘上放糕点、糖果、馒头、红包。左旁搁砖刀、泥刮,上梁时献给泥水匠;右盘搁墨斗、角尺,上梁时候献给木匠。

上栋梁前,屋主人手持焚香去接梁,将梁抬放至明间"三脚马"上。梁要披挂九尺长的红布,红布在梁身上绕3匝,俗称"缠梁红",由木匠将5枚铜钱交叉钉牢,寓意"五世同堂"。然后点燃香烛,东家主拜祭天地,木匠一手提酒壶,一手举杯洒酒,边洒边唱《敬酒歌》:"一杯酒敬天,二杯酒敬地,三杯酒来敬梁头,代代子孙都封侯;梁头敬到大梁尾,代代子孙穿紫衣;梁尾敬到梁中间,荣华富贵万万年!上梁大吉!"此时,东家主率领众人齐声应和"好呀"。

敬酒毕,匠师摘鸡冠血画符打杀。然后泥水匠在左楣,木匠在右楣,同时登上木梯上栋头,开始唱颂彩词,应对《上梁歌》。唱《上梁歌》的时候,东家先递过来两对系着红线的八角木榔头,由泥水匠、木匠分别系在梁的两头,主要是为了护法驱凶。然后东家主递给木匠一只公鸡,木匠用斧刃割鸡脖子,将鸡血淋于梁上。最后东家把香案上的两个托盘分别献给泥水匠与木匠,两人各托一盘上梯。然后栋梁缓缓上提,一般东边工匠必须比西边工匠拉得高点,因为东边为"青龙",西边为"白虎","白虎"应该低于青龙。当栋梁放好后,泥水匠用锤、木匠用斧,一起敲栋梁三下,以示稳妥。至此,安装栋梁完毕。

现摘录王仲奋在《东方住宅明珠:浙江东阳民居》一书中记录的一则《上梁歌》:

上梁歌

大梁!大梁!出在何方?出在西方昆仑山。

何人看见这大梁?小将军游山打猎看见这大梁。

何人砍倒这大梁?程咬金十八斧砍倒这大梁。

何人抬动这大梁？薛仁贵抬动这大梁。

何人来丈量？鲁班先师来丈量，大头量到小头，一分不短，小头量到大头，一分不长。

梁尖剩下做啥用？做成八角榔头(也称八卦锤)定阴阳。

八角榔头有多大？七寸三分三厘三。

榔头打天天无忌，榔头打地地无忌，梁头打梁百无禁忌。

手接主东一只鸡，这是一只什么鸡？天上王母报晓鸡。

生得头高尾巴低，头戴凤冠配彩云，身穿花花五彩衣。

此鸡不是平凡鸡，主东用来抛梁鸡。

千年鸡(基)！万年鸡(基)！鲁班先师上梁鸡，红血淋地，大吉大利！

手托金盘上云梯，送来主东好运气。一步更比一步高，步步行来采仙桃。

仙桃何人采？鲁班先师徒子徒孙走一遭。

(赞华堂)东家造得好华堂，坐也坐得高，朝也朝得好。

坐在宣武(玄武)地，朝着凤凰(朱雀)山。

左手青龙来朝拜，右手白虎保平安。

2.抛梁习俗

按婺州风俗，栋梁架好后，就要举行隆重的抛梁仪式。《东阳市志》载："上梁日，泥水、木匠一人一头，提梁上栋，吉辰一到，急切安梁，爆竹轰鸣，锣声大作。安梁毕，抛梁(即抛馒头)，主家男女四人，拉被单相接馒头，谓先利自家，然后念抛梁歌，向四方各抛一对馒头，再视人多处抛掷。馒头不得抛光，要有剩余。"上梁馒头上盖有"大吉"或"大利"的红印，抢上梁馒头被看作是非常吉利的。屋中东家请人展开被单接馒头。泥水、木匠各提一大箩筐馒头，在梁上抛掷，先向东家被单抛，再向围观群众按东、南、西、北次序抛掷，边抛边唱诵《抛梁歌》："头对馒头抛被单，先吉先利是自家。一对馒头抛到东，代代子孙做国公。一对馒头抛到南，代代子孙中状元。一对馒头抛到西，代代子孙穿朝衣。一对馒头抛到北，荣华富贵万万代。一对馒头抛到中，下代子孙福禄丰。"①唱毕，泥水匠、木匠齐声喊一嗓子："紫微拱照，万事兴荣！"家主领众人齐声应和："好呀！"四隅抛过，继而向四面八方抛。村中老少，过路行人均兴高采烈，赶来"抢上梁馒头"。筐中馒头不能抛光，须留几双，谓之"有余"。

梁的两头各挂一对八角榔头和长粽子，八角榔头镇邪，长粽子谐音"长宗"。粽旁挂一盏行灯，以示明亮。梁上悬五色布、置五谷瓶，代表金木水火土阴阳五行，寓意阴阳调和、风调雨顺。梁中段悬米筛一把，米筛中扎铜镜、剪刀、尺各一，为辟邪。米筛谓"千只眼"，铜镜谓"照妖镜"，剪刀和尺谓"裁剪"。此时，四邻各家也纷纷挂米筛、铜镜、剪刀、尺和红绸（布），谓之"赛红"。栋梁正下方小梁上挂鸡笼，笼中关一雄鸡，谓之"报晓"。栋柱上放置一株系有红绸带的五节并蒂莲藕，寓意五世同堂。栋柱旁各立一棵带根并系有红绸布的翠竹和松树，翠竹称子孙竹，寓多子多孙，步步高升，取个利市。松树四季常青，取其意长寿，长命百岁。

上梁仪式完成之后，木匠钉椽，泥水匠铺望砖、盖瓦，在场所有宾客都忙着递椽、递瓦、清理平整地面，摆放桌椅，准备宴席。席间尊泥水匠、木匠为大，坐首席。婺州地区旧时风俗以铁匠地位最高，如果五匠同席，铁匠坐上首，其次是石匠、泥水匠、木匠，制瓦匠执壶坐下首。制瓦匠地位最低，因为传说制瓦匠祖师当初跟鲁班学艺时不专心，又嘴馋骗钱，被鲁班逐出门外。因此，其他诸匠不承认制瓦匠是鲁班门徒。

---

①王仲奋.东方住宅明珠:浙江东阳民居.天津:天津大学出版社,2008.

第三节
民俗文化传说

一、建筑营造与民间传说

1.关于婺州传统村落营建的传说

婺州传统村落营建之初都受到风水观念、宗族文化的影响，有很多关于营造的民间传说。譬如俞源村的营建传说，俞源村相传600多年前是一个旱涝交替、瘟疫盛行、民不聊生的穷村子。该村俞氏第五代孙俞涞为此很着急，他和刘伯温是同窗好友，于是俞涞请刘伯温前来帮助除害病灾。精通天文地理的刘伯温经过仔细查勘，精心设计了这座太极星象村。自太极星象村建成以后，俞源在600年中没有发生过旱涝灾害，俞源村更是村泰民富，不仅在明清两代富甲一方，而且还出了尚书、大夫、府台、知县、进士、举人等260多人，俞源真正成了人杰地灵的风水宝地。

2.关于婺州民居建造的传说

在婺州有很多关于特殊的建筑构件和地方做法的传说，如"脚蹬高底靴头梳大发髻""鱼头梁""十三间头"的来历、东阳"位育堂"的传奇等。其中以"鱼头梁"的传说最为著名，这也被认为是关于东阳木雕来历的传说。相传唐朝时期，东阳匠师"活鲁班"华师傅为显宦冯宿、冯定兄弟在故宅营造厅堂，忙碌了几个月后，准备立架。这时候发现180根楠木大梁全短了一尺二寸，活鲁班大惊失色，一筹莫展。正在这时候，有一位老翁上门，手里拎着两条鱼，说要吃鱼肉。活鲁班虽然感到莫名其妙，还是把两条鱼做好放到了桌子上，来款待老翁。老翁并没有说话，而是把两条鱼的鱼尾分移在两只碗上，让两个鱼头相对伸出一截，然后用一根筷子往两鱼嘴一套，扬长而去。活鲁班惊奇之下，仔细一琢磨，恍然大悟，立刻命木匠做了360个"鱼头"，固定在柱头上，以此把梁接住。柱上安"鱼头"既新颖又美观，且"鱼头"与"余头"为谐音，大吉大利，东家十分满意。后来，东阳师傅就把梁头都做成了"鱼头"形状，称为"鱼头梁"，成为东阳建筑的一大特色。后人又在"鱼头"上加了"牛腿"，"鱼头"加"牛腿"便成了最早的东阳木雕。

3.关于上梁仪式的传说

在上梁仪式当中的许多民俗做法也有民间传说，譬如"紫微拱照"传说。在立好架的梁柱上往往张贴"紫微拱照"四个字，传说它的来历跟乾隆皇帝有关。乾隆皇帝下江南的时候，有一次微服出巡，坐船经过德清某地，听到敲锣放鞭炮的声音，非常热闹。于是循声看去，发现岸边有一栋住宅正在进行上梁仪式。乾隆掐指一算，今天为"天杀日"，大凶，就感觉很奇怪。于是就想一探究竟，当他到了现场，发现这栋房子雕刻非常精美，令人爱不释手，于是连声称赞："好房！好房！"这时他又想到今天是"天杀日"，于是就问："是谁定的今天的上梁日子？"风水师明亮师傅看出乾隆的疑问，回答道："今天本来为忌日，但是紫微星临门，还有什么可以禁忌的？"乾隆发现身份被识破，就匆忙走了。原来明亮师傅神机妙算，早就知道今天能够碰到乾隆，是吉日，所以把上梁仪式选在了今天。东家知道实情后，非常高兴，认为今天是难得的好日子，于是用红纸写上"紫微拱照"四字，贴在栋梁上，即上梁遇到紫微星，非常吉利。于是后来东阳师傅在进行上梁仪式的时候，都要贴"紫微拱照"以讨吉利。同时因为"忌火",把"照"字下面的四点写成三点。因为三点象征水,四点象征火,木构建筑怕火,故以水克火。

二、建筑装饰图案与民俗生活

婺州地区建筑装饰的内容涵盖了历史故事、神话传说、山水楼阁以及动植物的祥瑞图案等,从中我们可以了解到婺州人们的日常生活状态,以及他们的思想、情感等精神世界的内容。

婺州民居的建筑装饰图案有很多反映生产、生活、民俗活动的题材,如渔樵耕读、收割放牧、衣食住行、乘舟行旅、学子苦读、行医经商、迎亲祝寿等。这些装饰作品有的反映的是宅主人的生活经历,也有的反映的是当地的民俗民情。比较典型的图案有"渔樵耕读""携琴访友""琴棋书画"等,也有以日常生活的片断作为雕饰的题材。其中,既有"捕鱼""习武""垒屋"等家常琐事内容,也有"赏荷""闺房乐""说大书"等闲情逸趣内容,丰富多样。

婺州民居的建筑装饰图案反映了婺州人的哲学思想和行为准则,"孝道""累世同居""忍让、中庸""崇王""荣恩""忠义""冠礼""读书及第""福禄寿""小康之世"等逐渐成为婺州民居建筑装饰的常用木雕题材。如"马上封侯"图案,画面是一个书生赶考,旁边有挑着担子的书童相随,身后有邻人倚门相送,书生骑在马上,正要过桥,前面有一只猴子拦住了去路。这是谐音象征的手法,取其"马上逢猴"("马上封侯")的意思,说明婺州人们尚文,希望考取功名的心态。

婺州民居的装饰图案往往也表现出较强的市民文化趣味(图7-5~图7-8)。如清代民居的雕饰对戏剧场面的偏好,这些雕饰几乎覆盖了所有重要的传统剧目,如《三国演义》《隋唐演义》《打渔

图7-5　义乌尚阳村某宅木雕

杀家》《杨家将》《西厢记》《封神演义》等。尤其是一些富豪大家,更是将戏剧以极为壮观的组图方式雕饰于梁枋、门扇、窗格板等处。另外,较为常见的场景还有《鸿门宴》《回马枪》《木兰从军》《寇准夜访杨府》《西厢记·张生逾墙》等。这些戏剧雕刻,不仅为婺州民众的娱乐生活提供了有益的补充,也同样通过戏剧故事在讲述着某种人生哲学,传达着居住者的身份、欣赏趣味与人生理想。如清代厦程里村建筑"慎德堂"，在门窗构架上总共雕有 200 多幅戏曲画面，简直就是一部戏曲百科全书。

图7-6　东阳史家庄花厅木雕

婺州民居的装饰图案还体现出婺州人向往田园的生活情趣，如山水楼阁、动植物的祥瑞图案等。譬如表现"四君子"的《梅兰竹菊》、表现幽居出世情怀的《携琴过桥立轴》、表示喜庆的《春林双鸟立轴》等。有的田园山林题材还与古诗相合，情节丰富，意境深远。如《春日偶成》反映的就是程颢在其书中描写的景象："云淡风轻近午天，傍花随柳过前川；时人不识余心乐，将谓偷闲学少年。"类似的雕饰题材在婺州地区也较为常见，如"枫桥夜泊""湖上""田家"，等等。

图7-7　东阳史家庄花厅前檐木雕

图7-8　东阳史家庄花厅前廊天花木雕

第八章
婺州传统营造技艺的传承

第一节
传承谱系与传承人

| 一、传承谱系 |

婺州传统建筑业发达,工匠人数众多,大多亦工亦农。以义乌市为例①,据明万历九年(公元 1581 年)颁行的赋役登记册,义乌境内有匠户 568 户,掌管营造的匠户计 98 户;清时营造匠户减至 50 户(清《赋役全书》)。民国时期,义乌出现营造作坊、营造厂。民国 36 年(公元 1947 年),全县向政府建设科申请填报《浙江省营造业登记申请书》的营造厂共计 20 家。1949 年前,除稠城有几家个体营造厂外,多为散居的泥、木匠。据不完全统计,新中国成立前,全县有泥工 671 人、木工 690 人、油漆工 153 人、石匠 431 人,四项合计 1945 人。1950 年初,稠城镇成立泥木工会小组,职工 30 人,后几经更名,1967 年与佛堂泥木合作社合并后,成立义乌县建筑工程公司,为义乌首家建筑公司,为现代营造企业之始。从调查情况看,婺州营建工匠传承人正面临濒危情况,特别是具有高超传统营造技艺的大木作、雕花、泥水、石作匠师均后继乏人。

婺州民居出自东阳匠师和本地匠师之手, 由于师承制度,传

---

①义乌市文化广电新闻出版局.义乌家园文化.杭州:浙江人民出版社,2010.

统工匠们在技术上具有一定的共同点,加上一些封建关系与亲缘关系,并在营造界形成了"东阳帮"。对于婺州工匠传承谱系的调查颇具难度,工匠中有不少著名匠师,但是由于古代土木之工不入士流,所以文献甚少记载,较有名气的流派和工匠有:

泥水:陈声远(1807—1878)为清末著名的泥水匠,东阳人,能塑善雕而精于画。11岁开始学艺,曾应召绘制金华太平军侍王府壁画《五狮图》。民国后期东阳的著名泥水匠人还有楼安法、楼上连、傅有生、朱钨金等人。

木作:民国后期东阳有楼林法、楼上友、楼金昌、赵松如、李茂生、李安锡、朱内家、王金卓、王金喜、何誉敖等著名木作师傅。

木雕:郭凤熙,浙江省东阳市湖溪镇郭宅村人,他的木雕技艺,在清代道光年间名声极高,传说曾参加了北京故宫修缮。郭金局(1871—1919),艺名宝珊,为郭凤熙之子。他自幼聪颖过人,随父从艺,工于米塑、绘画,尤擅长木雕。据传也参加了北京故宫修缮,留作有郭宅村方义和24间头。杜云松(1884—1959),郭金局徒弟,"画工体"派开山祖,1921年在杭州仁艺厂雕技比赛中,因其技艺超群,被誉为"雕花皇帝"。他专攻人物,触类旁通,是东阳木雕集团木雕厂的主创人之一。黄紫金(1894—1981)被誉为"雕花宰相",是东阳木雕集团木雕厂的主创人之一。13岁学雕花,善融国画艺术于东阳木雕之中,创作设计别具一格。代表作有《韩信拜帅》《水浒一百零八将》《水漫金山》等。刘明火(1888—1941)进杭州仁艺厂工作时,同行比赛名列第二,被誉为"雕花状元"。楼水明(1898—1983)在家具造型、总体装饰设计上深有造诣。杭州仁艺厂同行比赛名列第三,被称为"雕花榜眼"。另外,"木雕名艺人"卢连水(1884—1961)、陆润寿(1902—1979)、厉守铭(1914—1978)、"活鲁班"名技师赵金清(1908—1982)、美协浙江分会副主席马凤棠(1914—2001)、"雕花鸟专家"吕加水(1894—1979)等都是技艺精湛的木雕匠师。当代的大师有陆光正、冯文土、吴初伟、姚正华、徐经彬、方可成、李之江等国家级、省级工艺美术大师,其中国家级非物质文化遗产代表作传承人3人、省级4人。几代雕刻大师的刻苦钻研和大胆创新让东阳木雕的精湛技艺得以薪火相传。

二、传承人

随着我国对非物质文化遗产保护工作的开展,传承人的保护被重视起来,工匠的地位也有所提高。婺州地区已经有一些工匠相继被列入国家级和省市级传承人。其中陆光正、冯文土、何福礼被列入国家级非物质文化遗产传承人。

1.陆光正(第一批国家级非物质文化遗产传承人),木雕匠人。1945年出生于浙江东阳。1960年师从东阳老艺人楼水明先生,1965年赴浙江美术学院深造。现为中国工艺美术大师,中国工艺美术学会木雕艺术专业委员会会长,中国工艺美术学会雕塑专业委员会副会长。

陆光正13岁进入东阳的木雕学校,师从"雕花状元"楼水明师傅学艺。15岁从东阳木雕学校毕业后,陆光正进入东阳木雕厂,并被破格选入设计组。师从"雕花皇帝"杜云松、"雕花宰相"黄紫金师傅,技术水平获得很大提高。陆光正的作品不仅继承了东阳木雕的所有精华,将先人留下的技艺发挥得淋漓尽致,而且在此基础上有所创新,有所突破,解决了前人所不能解决的难题。他的作品手法细腻,造型生动,章法布置巧妙,匠心独运地将圆雕、高浮雕、浅浮雕结合在一起,作品中既有对生活对自然的悉心领悟与把握,又有难以掩藏的书卷之气,可谓是"画中有诗"。1974年他创作的木雕挂屏《松鹤同春》《百鸟朝凤》被陈列于北京人民大会堂浙江厅;1979 年他创作的木雕台屏《三英战吕布》被评为国家珍品,现陈列于中国美术馆珍宝苑;1981 年,在由国务院轻工业部主持的全国木雕技术大赛上,陆光正创作的木雕壁挂《三打白骨精》《三打祝家庄》一举夺冠,获得全国第一名,陆光正从此名满天下;1988 年他创作的大型木雕落地屏风《锦绣中华》,是当今木雕作品中不可多得的精品,现收藏于中国台湾南园;1997 年浙江省人民政府赠给中国香港特区政府的香港回归礼品巨大的落地屏风《航归》也出自陆光正之手;2003 年他为杭州雷峰塔的重建而创作的大型木雕壁画《白蛇传》,得到了中央政治局常委李长春的盛赞,李长春点名要他全权负责整个修建工作。他主持设计的新加坡"董宫酒家"大厅巨型木雕装饰,被新加坡前总理李光耀先生称为"新加坡至今最好的建筑雕刻"。

2.冯文土(第一批国家级非物质文化遗产传承人),木雕匠人,"半圆雕""自形雕""树皮雕"技艺创始人。1943 年生于浙江省东阳县,从事浙江东阳木雕创作 40 余年。现任浙江东阳木雕总厂副厂长、东阳木雕装饰工程公司经理。

冯文土 1958 年毕业于东阳木雕技校,后拜著名东阳木雕名家黄紫金为师,1974 年在浙江美术学院进修。1982 年赴日本考察,并表演木雕技艺。1988 年在全国艺人代表大会上被轻工业部评为优秀工艺美术技术人员。1991 年被评为省工艺美术大师。30 多年来,他共创作设计 400 多件(套)作品,尤其是 20 世纪 80 年代以来设计并指导北京人民大会堂浙江厅、新加坡董宫酒家、德国波恩中国酒家、瑞典杭州饭店等国内外重大木雕室内装饰工程。在艺术上,他打破了木雕传统室内装饰宫殿式的陈旧程式,创作了富有自然情趣的园林式的新风格,很受好评。对于东阳木雕的历史、现状和发展等,他也作了系统的理论研究,编写专著《东阳木雕技艺》和不少论文。1984 年他担任副厂长后,负责技术工作,编写东阳木雕樟木箱等 5 类产品的标准,并被采用为省级产品标准。1986 年兼任东阳木雕技校校长后,他主持教学工作,提高教学质量,努力培养新生力量。代表作品有《西双版纳的春天》《杨八姐游春》《刘三姐》等,其中作品《军民联防》被山东博物馆收藏。

3.何福礼(第三批国家级非物质文化遗产传承人),竹雕匠人,中国竹工艺大师、高级工艺美术师,1944 年生,现任市工艺美术行业协会副会长,东风竹编厂董事长、总工艺师。

何福礼 14 岁入东阳竹编厂学艺,功底深厚,经验丰富,一直是原东阳竹编厂的业务骨干和技术权威。1983 年,何福礼的大型竹编精品《九龙壁》独创了"鳞形编织撮花""双条丝串藤细花龙""人字花纹分色龙"等多种编织技法,是中华民族当代竹编艺术的经典之作。1997 年,何福礼的作品竹编巨龙长 2 465 米、龙身 163 节 ,被列入吉尼斯世界之最。此后他创作成功的《香炉鼎》《渔翁》《海鸥》《咏鹅图》《大象》《哪吒闹海》《八仙竹丝花篮》等精品,广受赞赏,先后荣获中国国家级工艺美术大师精品展金奖等国家级大奖。

第二节
传承现状和存在的问题

一、传统的传承方式与存在的问题

中国古代文献中,《营造法式》《工部工程作法》《鲁班营造正式》《鲁班经》《营造法原》等著作中对匠艺有相关记载。婺州民间匠师主要受到《鲁班营造正式》做法影响。婺州本地的营造技艺主要通过师承关系传承,即师傅带徒弟的形式。在营造活动中,通过师傅的示范行动和徒弟模仿进行,这是一个熟能生巧的应用过程。各地的学艺多要 3 年的时间,而且传统工匠多有"教会徒弟,饿死师傅"的观念,师傅一般并不会将关键技术口诀轻易告诉徒弟,学徒只有在营造过程中用心多注意师傅的动作,并通过自己操作体会,勤学多问,自己琢磨才能获得。匠艺的传授讲究的是自己在实际工艺操作中领悟。尽管言传身教有一定的局限,但它是传授工艺的有效方式。

婺州建筑是由婺州本地工匠和东阳工匠共同建造的,许多婺州工匠师承东阳帮师傅。东阳帮在民国初年开始组建"老师帮"。根据王仲奋先生在《东方住宅明珠·浙江东阳民居》一书中的研究,东阳帮工匠内部体系中按不同的技术等级,有不同的称谓,分为:(1)包头(伯),指包工头。包工头一般都是技艺精湛、善于人际交往、有一定的组织管理能力者。包头负责承揽建筑工程项目,组建老师帮。(2)把作师傅,指技术高超的匠师,在工程中负责技术把关,相当于现在技术负责人或总工程师。(3)师傅,指能独立操作的出师者。(4)半作,经 3 年学徒期满,但未出师者。半作工钱以一半计,另一半给师傅。(5)徒弟,3 年学徒期未满者,由师傅管饭不计工钱,师傅只给少许零用钱。(6)蛮工,无技艺的杂工。①

从调查资料来看,婺州的传统工匠年龄大多在 30~60 岁,30 岁以下的工匠非常少。总体来说,工匠人数越来越少,且技术水平越来越低。造成这一现象主要有以下几个原因:

首先,工匠自身带徒的积极性有所下降。当前婺州工匠面临老龄化、自身身体状况下降等原因,没有精力再带徒弟。同时还受到传统师徒传承方式"教会徒弟,饿死师傅"思想的影响,即师傅不愿意将所有的技艺传给徒弟。另外,学徒在经济利益的驱使下,思想浮躁,还未出师就要自立门户,也是致使工匠不再愿意带徒的原因。有的工匠本身往往也是一些团体组织或古建公司的经营者和受益者,在经济利益与效益的影响下,在传授技艺时为追求最大利益而放弃传统的传授方式,也是使传承技术水平下降的原因。

其次,学徒学艺的积极性下降。传统工匠的社会地位从古至今一直没有较大的改变,且建筑工匠较之其他工人,工作辛苦,危险性高。另外,现在年轻人多为独生子女,家长大都希望孩子可以读书上学,一般只有在学业无果的情况下才会选择做工。而且由于现在年轻人的吃苦耐劳精神大大下降,传统建筑营造工作又非常辛苦,"3 年学徒,5 年半作,7 年挣钱,10 年出师",致使学徒大大减少。中国工艺美术大师陆光正感叹"现在愿意学木雕的人越

---

① 王仲奋.东方住宅明珠·浙江东阳民居.天津:天津大学出版社,2008.

来越少了,学木雕太苦,时间太长,赚的钱还不一定多。从1996年之后，我就招收不到本地青年当学徒了,2003年起已没有招收过一名徒弟"。这说明传统民间手工艺面临后继无人的尴尬局面。由于现代化机械的兴起，年轻学徒对这些机械工具的适应较快,机械工具省时省力的优点加之学徒自身的惰性,也是技艺水平下降的原因。

二、现代传承模式与存在的问题

1.教育与培训机构

近些年来,面对婺州民居传统营造技艺的传承,在婺州地区也有一些新兴的教育机构,例如东阳木雕技术学校等。1958年,东阳木雕总厂(现为东阳木雕集团)开办了东阳木雕技术学校。学校面向初中毕业生,实行3年学制的中等专业技术教育,学生毕业后就在厂里就业。开办几十年来,为木雕行业培养出了一大批工艺美术人才，入选首批国家级非物质文化遗产传承人名单并获"中国工艺美术大师"荣誉称号的陆光正、冯文土等都毕业于东阳木雕技校。该校既开设了素描、色彩、白描、书法等美术基础知识,也开设了雕工、木工、油漆工等木雕技法与技术。同时技艺高超的木雕师傅直接参与教育与教学。学校和东阳木雕集团同在一座大楼中,一些技艺高超的、有丰富经验的木雕师傅被聘为教师,手把手地直接进行教学指导。他们既是教师,又是师傅。值得一提的是,"中国工艺美术大师"陆光正、冯文土都曾担任该校校长并从事教学工作。可以说,学生自进校起就能随时和师傅接触,师傅和学生的关系是具有现代特点的师徒关系。2008年,经教育部批准,浙江广厦建设职业技术学院开设了全国首个木雕设计与制作专业,至今已招收了 160 余名全日制学生,聘请了中国工艺美术大师陆光正为专业负责人,中国工艺美术大师冯文土、卢光华,浙江省工艺美术大师徐土龙等兼职教授、副教授,并招聘了具有技师职称的实训指导教师 5 名。

但是当前婺州地区学校教育对于婺州传统民居营造技艺的传承主要局限在雕刻技艺上,而对在传统建筑营造技艺中起主导作用的大木作、石作、砖作技艺的传承还是空缺。此外,在专业课程的设置中也不难发现,现有课程偏重理论教育,而技艺需要学生在实际操作过程中学习和掌握,这也是目前职业学校对婺州传统营造技艺传承的不足所在。

2.工匠个体组织的营造团体、工厂

在婺州,工匠们以开办工厂或工作室的形式自发组成一些营造团队,他们将传统的师徒传承与现代的公司制度结合起来,由师傅(即厂长)接业务,组织或安排学徒(即员工)来完成。这一模式较传统的师徒传承方式来说,更加适应现代社会的市场机制,学徒生活条件与待遇有所提高。以东阳木雕集团为例,东雕的历史映射出整个东阳木雕行业的发展过程。首先是由一些艺人组织起了"楼店木雕小组""竹编工艺社",后成立东阳木雕竹编工艺厂。1960 年转为地方国营,成为东阳木雕总厂,主要设计制作雕刻木器家具和陈设工艺品。2002 年东雕改制为私人拥有。目前,"东雕"集团产品年销售额超亿元,已成为全国木雕产品最大的出口企业,也是全国木雕产品最大的生产基地。但是在现有的工匠营造团体中,多是三雕技艺为主,并且在经济利益的推动下,为追求工厂效益,现代化机械工具被大量使用,对技艺传承存在一定的破坏。

3.专业化的古建筑公司

婺州各地都有多家专业的古建筑营造公司,如浙江省东阳市木雕古建园林工程有限公司、浙江省东阳市横店园林古典建筑公司、义乌市宏宇古建筑工程公司、义乌市第二建筑工程公司等。古建公司主要负责古建筑维修保护、近现代文物建筑维修保护、古典园林建筑以及建筑装饰等。这些古建筑企业采用现代化的管理方式，制度严明，分工明确，工作效率高，能够较好地适应现代激烈的市场竞争。许多工匠隶属于古建公司的同时也开办工厂组织自己的营造团队。因此没有业务时工匠比较分散，有业务时公司负责人将工匠组织起来，团队人数依工程量而定。近年来，也有部分古建公司认识到古建队伍的松散不利于传统技艺的传承，遂将一批富有经验的工匠常年雇用于公司，业务忙时，全力应付施工，业务闲时，聚众切磋技艺，力求婺州传统建筑营造技艺得以较好传承。

古建公司对工匠的组织较为科学化，工匠工种比较齐全，早期有代表性的工匠以前较多的是做修缮业务，但是公司的主要目的是盈利，公司改制后并没有将传统技艺的传承作为首要目标，导致大批工匠流失，此后修缮工程所占比例较小，质量也有所下降，而仿古建筑工程渐渐多了起来。改制以前的专业队伍在改制后流失严重，很多工匠自己单干了，使得企业的施工队伍较难再重新组织起来达到原有规模和质量。在20世纪70~80年代古建公司招工培养的一批工匠，现在随着年龄的增大多已退休，对手工艺失传影响较大。现在一般工匠综合能力不足，虽掌握了一定的传统营造技艺，但是在新环境下，特别是新工具的影响下，传统技艺很容易流失。因此古建施工乃至设计人员的保护已经是个十分迫切的问题。

第三节
传承现状的保护措施

目前,婺州传统营造技艺虽已得到一定程度的重视,经婺州地区申报、获准为非物质文化遗产传承项目的已有东阳卢宅建筑艺术、黄山八面厅营造技艺、浦江郑义门营造技艺、俞源村古建筑群营造技艺、诸葛村古村落营造技艺等,但在国家级非物质文化传承人中,尚无有关婺州地区传统营造技艺的传承人,仅有 3 位三雕技艺传承人被列入了传统美术类传承人。在省级非物质文化传承人名录中也没有营造技艺类传承人。然而,在婺州传统民居营造技艺中起主导作用的就是大木匠、石匠与砖匠,他们中的一些技艺精湛的工匠,大多年岁已高,因此,对国家级以及省级营造技艺类传承人的认定工作极为迫切,只有把优秀的工匠保护起来,才能保护即将要失传的一些营造技艺。

首先,对传承人(工匠)进行全面保护。一方面可以提高工匠身份,将传统工匠与普通建筑工人区分开来,使得传统工匠能够体现手艺人和匠师的真实价值。对积极传授营造技艺的传承人发放相应的补助,以改善传承人生活状况,并对传承技艺做出贡献的传承人进行适当的鼓励。另一方面应该开展和完善对传承人以及优秀工匠的建档工作,总结其营造技艺掌握能力、技艺特点以及传承谱系等。对技艺过程进行文字和图像整理、录制、保存,并鼓励传承人编写相关营造技艺书籍。

其次，注重传承人保护中的活态传承。因此，要保证婺州传统营造工匠的传承活动与项目施工等市场行为结合起来。依托当地文物保护施工单位，建立工种齐全、工艺精湛的营造队伍。结合婺州传统民居修缮、古建园林新建工程，全面研究与总结婺州传统民居营造技艺的保护方式与途径，锻炼施工队伍并培养新的传承人。在这一方面，婺州三雕匠人的发展现状比木、石、砖工匠人发展状况要好得多。因为现代装修中对三雕构件的运用为传统三雕的发展开辟了新的市场。木雕可用于现代室内木装修中，石雕与砖雕也可用于建筑壁画等装饰装修中。针对传统的木、石、砖工匠的保护，可与当地古民居的修缮工程结合起来，或将工匠纳入文物部门，以建立专业的修缮团队，既能保证传统工匠对生存与生活条件的需求，也可以通过专业的修缮团队对古民居进行更好的保护。

最后，建立新型的古建技术培训班或古建园林学校。在传统的传承方式下，老工匠一般只是将当下正在流传的技艺传授给学徒，而不注重对婺州传统民居营造技艺原真性的传承，对于现代化机械所取代的一些技艺往往就被忽略了，这样下去，婺州传统民居营造技艺将会慢慢地流失。婺州地区现有的学校教育机构，还局限在对三雕工艺的教育与传承，并且课程设置主要以美术理论为主，忽略了传统建筑文化的传授，而营造技艺也是应该通过实际操作才能真正掌握的。新型的古建技术培训班或古建园林学校的目的应当是培养既有古建知识，又能够掌握营造技艺的新型传承人。在学校开设理论知识，教授学生学习婺州传统民居的发展概况，以及各个时期婺州传统民居的构造特色和营造方法；再与古建园林公司结合起来，以传统民居修复工程和古典园林建造工地为实践课程的基地，以确保理论知识能够通过实际操作被掌握。传统工匠一般动手能力强，总结能力较差，而这种教育机构的兴起，对推动传统工匠对其自身所掌握的营造技艺的总结也有一定的帮助。

结语：
婺州营造技艺的价值与保护展望

　　婺州民居是根植于古代婺州特定的自然条件、文化背景以及由此形成的建造体系发展积淀而来的，其中蕴含着丰富的非物质文化要素，包括传统的建造技术和工艺，以及与之相关的营造思想、风俗习惯等。婺州建筑营造技艺融合了带有地方特色的文化与艺术成分，具有很高的学术价值和实用价值。

　　在世界经济一体化和现代化进程加快的今天，婺州民居营造技艺的生存空间日渐狭窄，现代生活方式对它的排斥，以及自然性破坏、建设性破坏，都对其存在形态构成程度不同的危害，造成其原生土壤发生改变。缺乏引导的开发也正急剧改变着婺州地区的自然和人文景观。如有特色的村落建筑被农民砖瓦房或小楼所取代，民俗表演的场地已荡然无存。婺州村落中许多民俗文化空间如祠堂前广场等原有的民俗活动逐渐走向衰落并为现代的生活方式所取代，一些民间艺术形式逐渐消亡，或者虽然被保护和传承下来，但与原有的文化场所相分离，使得许多建筑空间环境失去了其固有的文化内涵。婺州民居也失去了修建的必要，婺州民居的修建技术也面临成为"死"文化的困境。而且，由于在古代传统工艺技术被认为是贱技末流，为正统史学所不纳，传统技艺的传承基本上依靠师授徒受、口传身教的方式，多不见于文字，这使得对传统技艺的研究整理增加了难度。又由于近百年来社会经济条件的改变,特别是现代生活方式造成人才断代,传统的建造维修技艺更是濒临灭绝的边缘。

有鉴于此,对婺州民居营造技艺及其相关文化及时地进行全面、系统、深入的整理,应借助现代科技,以影像、图片、文字等多种形式对婺州文化进行数字化建设,尽可能地记录和保存婺州民居营造技艺的变迁、艺术形式的变化、艺人风格的特点等多方面情况,建立起能永久保存的婺州民居文化数据库,为深入研究和有效保护奠定坚实的基础。

与此同时,应及时扶持婺州民居营造技艺代表性传承人。在婺州建筑营造技艺保护的过程中,面临的另一个尴尬局面是艺人的断代问题。因此可以创造婺州民居营造技艺传习条件,建立相关传习、培训、展示的专业场所,系统恢复和醇化婺州民居营造技艺,切实加强对婺州民居文化遗产的抢救性保护。我国传统建筑工艺技术的操作性很强,传统的"师传徒继"不失为一种好的传承方式,但是这种传承方式存在着很大的局限性,若单靠这一种方式,则很难使传统建筑工艺技术健康地发展下去,随着社会的发展和价值观念等方面的变化,甚至会出现中断或失传的危险。我们要重构传统建筑工艺技术的传承体系,打破"一条腿走路"的局面,因此可以开展学校教育。在高校和职业学校中开设相关课程,培养专门人才,提高理论研究水平和实际操作能力。开发一些参与性项目,寓学于乐,提高大众对传统建筑工艺技术的认知度。只有这样才能使"活"的传统持续下去,也才能够为物质形态的文化遗产的保护修复提供保障。

非物质文化遗产都根植于特定的自然地理环境和历史人文环境,婺州建筑营造技艺依存其现实生活,且与之密不可分。对于婺州民居营造技艺保护除对其技艺本身进行保护外,同时要对存在于建筑文化空间中的民俗活动、宗教活动、生产生活系统等进行整体关照，在保护方法上应加强管理部门、专业人士和相关社会群体之间的对话和多学科的合作，条件允许的情况下可以采取原生态的保护方式，即要避免单纯的文物保护方式和展陈式的博物馆保护方式。针对不同的情况，可甄选几个最能代表婺州传统村落，借鉴"民族文化生态村"等一些研究成果或成功经验，在一定范围内呈链状结构建立婺州非物质文化遗产生态保护区，进行重点保护，通过对婺州民居营造技艺生存的自然环境、人文环境进行整体保护、原地保护和居民自主保护的不同方式，使婺州民居营造技艺得到延续和传承。

参 考 文 献

1.中国建筑设计研究院建筑历史研究所.浙江民居.北京:中国建筑工业出版社,
  2007.

2.丁俊清,杨新平.浙江民居.北京:中国建筑工业出版社,2009.

3.王仲奋.东方住宅明珠:浙江东阳民居.天津:天津大学出版社,2008.

4.李浈.中国传统建筑形制与工艺.上海:同济大学出版社,2006.

5.陆元鼎.中国民居建筑.广州:华南理工大学出版社,2002.

6.刘大可.中国古建筑瓦石营法.北京:中国建筑工业出版社,2011.

7.马炳坚.中国古建筑木作营造技术.北京:科学出版社,2012.

8.罗哲文.中国名祠.天津:百花文艺出版社,2002.

9.(日)柳宗悦.工艺文化.徐艺乙,译.桂林:广西师范大学出版社,2006.

10.侯幼彬.中国古代建筑历史图说.北京:中国建筑工业出版社,2002.

11.《中国建筑史》编写组.中国建筑史.北京:中国建筑工业出版社,1982.

12.义乌市文化广电新闻出版局.义乌家园文化.杭州:浙江人民出版社,2010.

13.曹松叶.金华部分神庙一个简单的统计.民俗,第86,87,88,89 期合刊,1929.

14.金华市文化广电新闻出版局.婺文化概要.吉林:吉林人民出版社,2006.